KB178982

제녀가 들려주는 **면역** 이야기

제너가 들려주는 면역 이야기

ⓒ 이홍우, 2010

초   판 1쇄 발행일 | 2006년 5월 24일
개정판 1쇄 발행일 | 2010년 9월 1일
개정판 14쇄 발행일 | 2021년 5월 31일

지은이 | 이홍우
펴낸이 | 정은영
펴낸곳 | (주)자음과모음

출판등록 | 2001년 11월 28일 제2001-000259호
주   소 | 04047 서울시 마포구 양화로6길 49
전   화 | 편집부 (02)324-2347, 경영지원부 (02)325-6047
팩   스 | 편집부 (02)324-2348, 경영지원부 (02)2648-1311
e-mail | jamoteen@jamobook.com

ISBN 978-89-544-2084-6 (44400)

제너가 들려주는

면역 이야기

| 이흥우 지음 |

(주)자음과모음

아직도 치료되지 않은
질병을 고치기 위하여!
면역 작용-우리 몸에 침입한 적과의 전쟁

수년 전 사스라는 병이 세계를 놀라게 했었지요. 사스는 새로운 종류의 바이러스가 일으키는 병으로 동물로부터 인간에게 옮아 온 것으로 생각하고 있답니다.

조류 독감도 인류를 놀라게 하고 있어요. 조류 독감은 특히 닭에게 치명적인 병인데, 조류 독감이 한 번 발생하면 전염이 되어 닭이 집단적으로 죽게 된답니다. 그런데 조류 독감이 사람에게도 전염되어 목숨을 앗아 가는 경우가 생겼어요.

사스나 조류 독감은 모두 바이러스가 일으키지만, 새나 동물의 몸 안에 서식하다가 사람에게 옮는 병이에요. 이런 병이 자꾸 생겨 우리를 근심하게 합니다. 사람이 잘 겪어 보지 못한 동물의 바이러스인 탓에 우리 몸의 면역 작용이 제대로 일어나지 못하면 어떻게 하나 하고요.

면역은 좀 어려운 말이에요. 면역이란 넓은 의미에서는 자신에게 침입한 '자기가 아닌 것'을 알아보고, 그것으로부터 '자기를 지키는 능력'이랍니다. 그런데 한 번 걸린 병에 잘 걸리지 않는 것도 면역이라고 해요. 이것은 좁은 의미에서의 면역이지요.

지금도 우리 몸에서는 면역 작용이 일어나고 있어요. 면역 작용이란 쉽게 말해 우리 몸에 침입한 적과 치르는 전쟁이랍니다.

이 책은 우두 접종법의 발견자인 제너가 한국에 와서 여러분에게 직접 이야기를 들려주는 형식으로 이루어졌습니다. 제너의 이야기를 통해 면역이 무엇인지 알게 되었으면 합니다.

이 홍 우

차례

우리 **몸**은 **전쟁터**

우리에게 피부라는 성벽이 왜 중요한지,
피부가 없는 부분에서는 어떻게 적을 방어하는지 알아봅시다.

1

우리 몸은 전쟁터

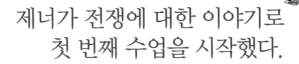

제너가 전쟁에 대한 이야기로
첫 번째 수업을 시작했다.

지구상에서 전쟁이 멈춘 날은 그리 많지 않다고 합니다. 지금도 지구 어디에선가는 전쟁이 일어나고 있을 거예요. 나라와 나라 간의 전쟁, 민족과 민족 간의 전쟁, 반란군과 정부군 간의 전쟁, 종교 간의 전쟁, 심지어 테러와의 전쟁 등 참으로 다양한 전쟁이 계속하여 일어나고 있어요. 언제나 지구에 평화가 찾아올까요? 전쟁이 없는 지구촌이 참 그립습니다.

전쟁이란 무엇인가요? 무엇인가를 차지하기 위한 싸움이지요. 그래서 전쟁에는 침입하는 쪽이 있고, 방어하는 쪽이 있게 마련이에요. 이미 가지고 있는 쪽은 방어하고, 빼앗으

려는 쪽은 쳐들어가는 거지요.

　우리 몸은 전쟁터랍니다. 총소리만 나지 않을 뿐, 우리 몸은 전쟁이 그치지 않는 영토예요. 외적이 끊임없이 우리 몸에 침입하기 때문이지요. 여러분이 이 글을 읽고 있는 순간에도 적과의 싸움은 일어나고 있어요.

　우리 몸을 공격하는 외적은 거의 세균이나 바이러스와 같은 미생물이에요. 간혹 기생충 같은 것이 있지만요. 이것들은 우리 몸에서 영양소를 얻고, 살 자리를 구하기 위해 쳐들어옵니다.

　우리 몸에 전쟁이 일어나면 우리는 방어하는 쪽이랍니다. 우리 몸이 적과의 전쟁을 포기하는 날, 우리 몸이라는 영토

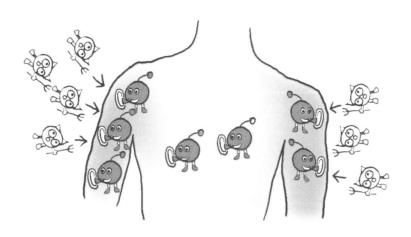

는 적군의 손에 넘어갈 거예요. 그러면 병들어 죽게 돼요. 그
래서 우리 몸은 혼신의 힘을 다해 적과 싸움을 벌인답니다.

우리 몸을 지키기 위한 성벽

중국에 가면 만리장성이 있어요. 우주선에서도 보일 만큼
만리장성은 길고 웅장한 성이지요. 만리장성은 적이 침입하
지 못하도록 높게 쌓은 성벽이에요. 성벽은 높아서 적이 침
입하기 어려울 뿐만 아니라, 성에는 주위를 살피기 위해 높
이 지은 망루가 있어서 적이 침입하는지를 감시하기에도 참

좋지요. 그래서 옛날에 무기가 발달하지 않았을 때는 거의 모든 나라가 성을 쌓아서 나라를 지키려고 했어요.

성벽의 좋은 점 가운데 하나는 적의 침입을 미리 막는다는 데 있지요. 침입한 적과 싸우는 것보다는 적이 침입하지 못하도록 하는 것이 더 현명한 일이거든요.

우리 몸에도 적의 침입을 막기 위한 성벽이 있어요. 그것이 바로 피부지요. 피부는 우리 몸 전체를 감싸고 있어 적의 침입을 효과적으로 막는답니다.

다음 그림을 보세요.

그림에서 보듯이 피부는 여러 겹의 얇은 세포로 되어 있어

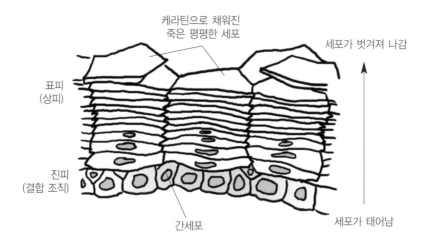

케라틴으로 채워진
죽은 평평한 세포

세포가 벗겨져 나감

표피
(상피)

진피
(결합 조직)

간세포

세포가 태어남

요. 그리고 이러한 세포들은 케라틴이라는 단백질을 가지고 있어서 서로 단단히 연결되고 신축성이 있어요. 여러분은 동물의 가죽을 보았을 것입니다. 여간 질긴 게 아니에요. 그래서 구두나 가방을 만들 때 이용하잖아요. 악어가죽 핸드백, 쇠가죽 구두 등 가죽으로 만든 물건에는 케라틴이라는 단백질이 많이 포함되어 있어요.

피부 표면에 가까이 있을수록 죽어 가고 있거나 이미 죽은 세포이지요. 그래서 맨 위의 세포층은 잘 떨어져 나간답니다. 세포 간의 연결이 느슨해진 까닭이지요. 그리고 떨어져 나간 세포의 자리 아래에서 새로운 세포가 다시 표피를 구성합니다.

옆의 그림을 다시 보세요. 간세포가 보이지요? 간세포란 줄기세포라고도 하는데, 여기의 간세포는 표피 세포로 발전해요. 그리고 계속하여 분열한답니다. 새로운 세포를 계속 만들어 떨어져 나가는 세포를 보충하는 것이지요.

표피 세포가 잘 떨어져 나가는 성질을 갖는 이유는 무엇일까요? 표피 세포는 바깥세상과 접촉하는 부분이에요. 바깥세상과 접촉하는 과정에서 피부의 세포는 상하게 마련이지요. 그래서 표피 세포는 얇은 모양을 하고, 쉽게 떨어져 나갑니다. 그다음 새로운 세포가 그 일을 대신하게 됩니다. 물론 새

로운 세포도 얼마 되지 않아 떨어져 나갈 운명을 가지고 있지
만요. 이렇게 쉽게 떨어져 나가는 표피층을 각질이라고 부릅
니다.

우리가 목욕할 때 거친 수건으로 몸을 심하게 문지르면 느
슨해진 각질 세포가 많이 떨어져 나가요. 물론 각질이 떨어
져 나간다고 해서 크게 해로울 것은 없지만, 몸의 성벽이 얇
아지므로 적의 침입이 그만큼 쉬워진다고도 볼 수 있어요.

특히 한국인은 거친 수건으로 피부를 빡빡 문질러 때를 벗
기는 목욕 습관이 있어요. 그다지 바람직한 것은 아니에요.
우리 몸의 성벽을 얇게 만들기 때문이지요.

여러분은 외출하고 집에 들어온 다음에는 손을 잘 씻으라는

말을 들어보았지요. 손에 묻기 쉬운 병원체를 씻어 내어 감기와 같은 전염병으로부터 우리 몸을 지키기 위해서이지요.

여기에는 다른 의미도 있어요. 느슨해진 표면 각질 세포의 틈에 세균이 끼어들게 되는데, 손을 씻는 과정에서 각질이 떨어져 나가면서 세균도 함께 떨어져 나간답니다. 의사 선생님들이 수술하기 전에 꼭 손을 씻는 이유도 이 때문입니다.

성벽이 상하면 위험하다

우리 몸은 피부라는 훌륭한 성벽이 있어서 적들이 쉽게 침입할 수가 없어요. 이미 이야기했듯이 표피 세포는 여러 겹으로 되어 있고, 서로 단단히 연결되어 있기 때문이지요. 하지만 우리가 상처를 입으면 세균이 침입하기 쉬워진답니다. 말하자면 성벽이 무너진 셈이지요. 그러면 세균, 바이러스, 곰팡이 등의 외적은 무차별 공격을 해 온답니다.

그래서 상처가 나면 바로 소독하고, 상처가 난 부위를 덮어 주어야 해요. 추가로 침입하는 외적을 막기 위한 것이지요. 상처가 물에 닿는 것도 좋지 않아요. 물에 있던 외적들이 무너진 성벽으로 들어오기 때문이에요.

피부를 통과하여 들어온 적에 대해 우리 몸은 어떻게 대응할까요? 아무런 싸움도 하지 않고 그냥 당하기만 할까요? 물론 아니랍니다. 피부라는 성벽 너머에는 백혈구라는 감시병이 지키고 있어요. 피부 아래층에는 수많은 백혈구들이 왔다 갔다 하면서 한시도 한눈을 팔지 않고 적이 침입하는지 지키고 있어요.

적이 침입하면 감시병인 백혈구는 사방으로 연락을 한답니다. 그러면 대기하고 있던 다른 백혈구가 와서 적을 무찔러요.

나중에 이야기하겠지만 백혈구의 종류는 한 가지가 아니랍니다. 적을 먹어 치우는 백혈구, 감시하는 백혈구, 항체라는 군사

를 만드는 백혈구, 병든 세포를 먹어 치우는 백혈구 등 참으로 많아요.

우리 몸에는 성벽이 없는 부분도 있다

불행하게도 피부라는 성벽으로 우리 몸을 완전히 둘러쌀 수는 없어요. 입과 코, 눈, 항문 등 외적이 침입할 수 있는 통로가 많이 있어요. 이뿐이 아니지요. 우리의 몸에는 전신에 땀샘이 있고, 털이 있어요.

현명한 우리 몸은 성벽이 없다고 해서 무방비 상태로 있지는 않아요. 우선 눈을 생각해 보세요. 눈은 눈물이 늘 감싸고 있지요. 눈물이 흐를 때 세균과 같은 외적을 씻어 낼 수 있어요. 눈물 자체가 훌륭한 방어벽이 되는 거예요.

또한 눈물에는 세균을 죽일 수 있는 라이소자임이라는 물질이 포함되어 있어 외적을 막는답니다. 만일 눈에 눈물이 없다면 어떻게 될까요? 눈이 뻑뻑할 뿐만 아니라 외적의 침입이 쉬워질 거예요. 눈에 적이 많이 침입하면 백혈구가 모여들어요. 우리 몸의 전사들이지요. 백혈구는 적과 싸우는 과정에서 많이 죽게 되고, 그 결과 눈에 눈곱이 생겨요.

여러분 중에 혹 눈에 콘택트렌즈를 끼는 친구가 있다면 잘 소독하여 사용하기 바랍니다. 눈이 렌즈에 묻어 있던 세균에 감염되기 쉽거든요.

코는 숨을 쉴 때 공기의 통로가 되지요. 그래서 특히 외부의 적이 들어가기 쉽답니다. 공기를 통해 전염되는 병원체나 곰팡이, 먼지 등이 코를 통해 쉬지 않고 들어가요. 그래서 코에는 이러한 것들을 막아 내기 위한 장치가 있어요. 코털이 그중 하나랍니다.

코털은 먼지 등을 여과하는 일을 해요. 그리고 코 안에는 점막이 있고, 많은 양의 점액질을 분비한답니다. 이 점액질들은 세균을 붙잡고 밖으로 씻어 내는 일을 하지요. 코를 풀

면 붙잡힌 외적들이 밖으로 나오게 된답니다.

공기가 폐로 들어가는 통로인 기관지의 내벽에도 점액질이 있고, 섬모가 나 있어요. 세균을 밖으로 내보내는 장치이지요. 먼지가 많은 곳에 한참 있으면 가래가 나오는 것을 경험했지요? 기관지의 방어 장치가 만들어 낸 것이에요.

입은 외적이 침입하기에 더없이 좋은 통로예요. 그래서 침에는 눈물과 마찬가지로 세균을 분해할 수 있는 효소가 들어 있어요. 동물이 몸에 난 상처를 혀로 핥는 것도 이러한 이유 때문이에요. 침은 벌레 물린 데도 효과가 있는 것으로 알려졌어요. 그러나 침이 살균 효과가 있다고 해도 음식물에 묻어 있는 많은 세균은 소화관으로 들어가게 됩니다.

자, 지금까지 우리는 피부라는 성벽이 왜 중요한지, 그리고 피부가 없는 부분에서 어떻게 적을 방어하는지 알아보았어요. 피부와 점액 등 적의 침입을 막는 장치를 흔히 1차 방어선이라고도 하지요.

다음 시간부터는 적이 1차 방어선을 뚫고 들어왔을 때 우리 몸이 어떻게 적과 싸우는지 알아볼 거예요.

손 씻고 들어와.

있다가 씻으면 돼.

지금 정한이의 손은 전쟁 터일 거예요. 그러니 손을 씻는 게 좋겠네요.

제 손이 전쟁터라고요?

밖에서 묻어 온 무수한 세균이나 바이러스가 몸을 공격하고 있을 테니 전쟁터라고 할 수 있지요.

윽, 바로 손 씻고 와야 겠어요.

그렇다고 너무 서두르지는 말아요. 기본적으로 이런 세균들의 침입을 막기 위한 성벽이 우리 몸에 있답니다.

우리 몸에 성벽이 있어요?

네, 피부가 바로 그것인데, 피부는 여러 겹의 얇은 세포가 단단히 연결되어 세균의 침입을 효과적으로 막는답니다.

피부가 정말 중요한 일을 하는구나.

이제부터 피부 관리에 더 신경을 써야겠어요.

2

우리 **몸**을 **지키는** **전사들**의 **탄생**

골수에서 만들어지는 우리 몸의 전사들은 백혈구 가족이에요.
그들이 어떤 일을 하는지 알아봅시다.

2

우리 몸을 지키는
전사들의 탄생

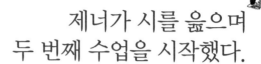

제너가 시를 읊으며
두 번째 수업을 시작했다.

나는 그래서 더 용감히 싸웠노라.

그러다가 죽었노라.

아무도 나의 주검을 아는 이는 없으리라.

그러나 나의 조국, 나의 사랑이여!

숨지어 넘어진 내 얼굴의 땀방울을

지나가는 미풍이 다정하게 씻어 주고

저 하늘의 푸른 별들이 밤새 내 외로움을 위안해 주지 않는가.

이 시는 한국인 친구가 소개해 주었어요. 모윤숙 시인이 쓴

〈국군은 죽어서 말한다〉의 일부입니다. 조국을 위해 싸우다 죽은 젊은 용사의 영혼을 위로하는 노래예요. '아무도 나의 주검을 아는 이는 없으리라'는 구절이 너무나 마음을 아프게 해요.

어느 나라든지 전쟁을 경험한 나라에는 무명용사의 비가 있지요. 조국을 위해 몸 바쳐 싸워 죽었으나 이름조차 알 수 없는 수많은 젊은 영령들. 꽃다운 나이에 자신의 소중한 생명을 조국을 위해 바친 이름 없는 순국선열들. 그분들을 기리는 비 앞에 서면 마음이 숙연해집니다.

여러분은 '전사(戰士)'란 말을 아는지요? 나라를 위해 자신의 목숨을 아끼지 않고 싸우는 용맹한 병사를 말한답니다. 한 나라에 전쟁이 나면 조국을 지키기 위해 수많은 전사들이 목숨을 버립니다.

이처럼 우리 몸에도 주인을 지키기 위해 목숨을 걸고 싸우는 전사들이 있어요. 우리 몸의 전사들은 주인의 몸에 적이 침입하였을 때 결코 도망가는 법이 없어요. 혼신의 힘을 다해 싸우고 힘이 다하면 장렬하게 죽어 가지요. 지금도 수많은 몸의 전사들이 우리를 위해 죽어 간다면 여러분은 믿겠어요?

이 시간에는 우리 몸의 전사에 대해 소개할게요. 우리 몸에는 다양한 전사들이 있는데 모두 소개하기는 좀 어렵고, 우선 중요한 전사만 소개할게요. 자, 그럼 시작할까요?

우리 몸의 전사들은 골수에서 만들어진다

여러분은 혈액의 성분을 공부할 때 적혈구, 백혈구, 혈소판이 있다는 것을 배웠을 것입니다. 적혈구는 산소 운반을 담당하고, 백혈구는 병균과 싸우며, 혈소판은 피의 응고에 관계한다고 배웠을 거예요.

지금 소개하려는 우리 몸의 전사는 바로 백혈구입니다. 적혈구와 달리 백혈구는 한 가지가 아니라 여러 가지예요. 우리 몸의 다양한 전사들은 모두 백혈구 가족이랍니다.

적혈구와 백혈구는 모두 골수에서 만들어져요. 골수는 뼈의 속을 채우고 있는 연한 조직을 말합니다. 갈비뼈, 척추, 골반 등의 뼈에 적색을 띤 골수가 자리 잡고 있어요.

골수

골수에는 줄기세포가 있어요. 줄기세포라는 말은 많이 들어보았을 거예요. 줄기세포란 다양한 세포로 분화될 수 있는 세포를 말해요. 바로 이 줄기세포가 뼛속에서 다양한 혈구를 만들어 냅니다. 골수에 있는 줄기세포는 다양한 혈구로 분화할 수 있는 능력을 가진 세포예요. 그래서 줄기세포는 '조혈 줄기세포', 즉 피를 만드는 줄기세포라는 이름을 가지고 있지요.

골수의 줄기세포는 크게 두 부류로 분화된답니다. 하나는 멀티(복합) 줄기세포이고, 하나는 림프계 줄기세포입니다.

멀티 줄기세포에서는 적혈구와 여러 종류의 백혈구가 만들어집니다. 적혈구와 백혈구는 멀티 줄기세포에서 생겨나는 친척이에요. 뼛속에서 생겨서 혈관으로 나오게 되지요.

백혈구 가족은 대가족이에요. 우리가 흔히 말하는 백혈구 외에 대식 세포를 비롯한 다양한 백혈구 가족들이 포함된답니다.

여러분 '멀티'라는 말 알지요? 그것은 '다양한'이라는 의미를 가지고 있지요. 멀티 기능을 가진 전자 제품이 많이 나오

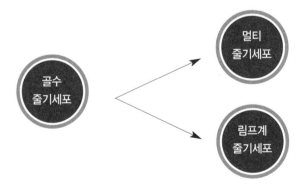

지요? 휴대 전화가 전화도 되고, 카메라도 되고, 리모트 컨트롤도 되는 등 '멀티'한 것들이 환영을 받지요? 멀티 줄기세포는 이처럼 다양한 백혈구로 분화한답니다. 그런 다음 임무에 따라 자신이 가야 할 자리로 가지요.

림프계 줄기세포는 림프구가 된답니다. 림프구는 T림프구, B림프구, NK 세포 등이 있어요. 물론 이런 림프구도 모두 백혈구 가족에 포함된답니다.

앞에서 말한 다양한 백혈구는 모두 다 우리 몸의 전사들이에요. 병균을 잡아먹거나 병균이 왔는지 망을 보거나 병든 세포를 죽이거나 병균과 싸우는 데 필요한 물질을 분비하면서 우리 몸이 적과 싸울 때 동원되지요.

우리 몸의 전사는 모두 백혈구 가족이다

여러분은 식균 작용이라는 말을 들어보았을 거예요. 병균을 잡아먹는다는 의미지요. 식균 작용을 하는 백혈구에는 호중성 백혈구와 대식 세포가 있어요. 특히 대식 세포는 적들을 먹어 치우는 작용뿐만 아니라 어떤 종류의 적이 왔다는 것을 알려 주는 일도 있기 때문에 매우 중요한 전사라고 할 수 있어요.

 림프구는 혈관보다 림프관에서 많이 발견된다 하여 붙여진 이름이에요. 잠깐 림프관이 무엇인지 이야기할게요. 혈액은 혈관을 타고 우리 몸의 구석구석까지 가지요. 마지막에 혈액의 액체 성분은 모세 혈관 벽을 스며 나가서 세포에 도달한답니다. 산소와 영양소를 운반하는 거지요. 다음 그림을 볼까요?

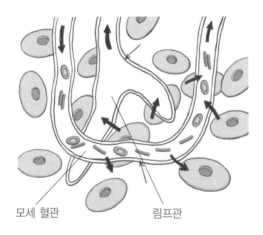

모세 혈관   림프관

 그림에서 보듯이 혈관을 스며 나온 액체 성분은 세포에 산소와 영양소를 공급하고 다시 혈관으로 돌아옵니다. 돌아올 때는 노폐물을 가지고 돌아오지요. 그런데 일부는 혈관으로 돌아오지 못해요. 자기들끼리 모여서 따로 돌아가지요. 이렇게 혈관으로 돌아가지 못한 액체 성분이 돌아가는 길(관)을 림프관이라고 한답니다. 림프관을 흐르는 림프는 결국에는 심장과 연결되는 대정맥으로 다시 흘러들어 혈액과 합쳐져요.

혈관은 적혈구가 흘러서 붉은빛을 띠지요. 하지만 림프관은 투명해요. 적혈구가 없기 때문이죠. 림프(lymph)라는 말은 샘이나 호수의 여신인 님프에서 유래되었다고 해요. '투명하다' 혹은 '맑다'는 의미를 가지고 있지요.

대표적인 림프구에는 2가지가 있지요. T림프구와 B림프구가 이들이지요. T림프구는 적이 온 것을 알아보고 사방에 알려 주거나, 적이 숨어 있는 세포를 죽이는 기능을 가지고 있어요. 우리 몸이 적과 싸울 때 지휘관 구실을 한답니다.

B림프구는 적과 싸우는 물질인 항체를 만들어요. 여러분도 아마 항체라는 말을 들어보았을 거예요. 항원이라는 말과 함께요. 항원이라는 말은 쉽게 말해 외부에서 들어온 '나 아닌 물질'을 가리켜요. 우리 몸은 내가 아닌 물질을 용케 알아보는데, 나 아닌 물질이 들어오면 우리 몸은 적이 들어왔다고 보고 전쟁을 시작한답니다.

나 아닌 물질에 대항하기 위해서 B림프구가 만드는 물질(단백질)을 항체라고 해요. 그렇다면 항체가 하는 일은 무엇일

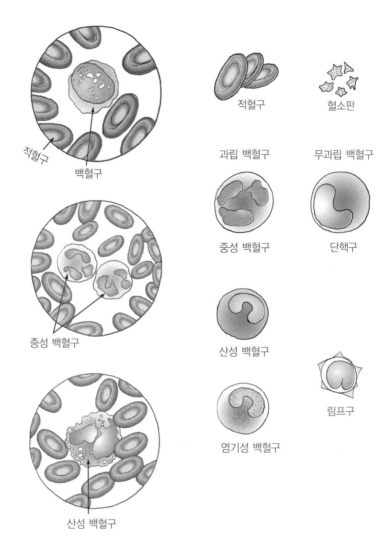

적혈구

혈소판

과립 백혈구

무과립 백혈구

중성 백혈구

단핵구

산성 백혈구

염기성 백혈구

림프구

적혈구

백혈구

중성 백혈구

산성 백혈구

백혈구 가족

까요? 한마디로 말하면 적을 붙잡는 일을 해요. 적을 붙잡고 있으면 대식 세포 등 먹어 치우는 세포들이 와서 청소를 해 준답니다.

좀 더 예를 들어 보지요. 전철 안에 소매치기가 있다고 해 봐요. 한 사람이 소매치기를 당하는 것을 알고는 "소매치기다!"라고 소리를 질렀어요. 이때 전철에 타고 있던 시민들이 한꺼번에 달려들어 소매치기를 붙잡아요. 그러면 경찰이 소매치기를 체포하기가 편하겠지요? 골목골목 도망 다니는 도둑을 붙잡는 것과 비교할 수 없이 쉽지요. 마찬가지라고 생각하면 됩니다. 항체가 적을 붙잡고 있으면 우리 몸의 경찰인 대식 세포, 호중성 백혈구 등이 달려와서 먹어 치우는 거지요.

림프구 계열의 세포 중 NK 세포라는 것도 있어요. NK 세포는 알려진 지 얼마 되지 않았지만, 암세포를 죽이는 세포로

유명해졌어요. 자연 살해(Natural Killer) 세포라고도 해요. 여러분, '킬러(killer)'라는 말 알지요? 영화에 많이 나오지요. 차가운 인상에 인정사정없이 죽이는 일을 직업으로 하는 사람, 생각만 해도 으스스하지요? 바로 자연 살해 세포가 킬러와 비슷한 일을 하지요. 무엇을 죽이느냐면 바로 암세포를 죽여요.

지금까지 우리 몸의 중요한 전사들인 대식 세포, 호중성 백혈구, 림프구, NK 세포에 대해 이야기했어요. 좀 복잡하지요? 하지만 이것만은 꼭 기억해 두세요.

- 우리 몸의 전사는 백혈구 가족이다.
- 백혈구 가족은 골수에서 만들어진다.
- 백혈구 가족은 적이 침입하는지 살피고, 적을 잡아먹으며, 적과 대항하는 항체를 만든다.

자, 지금도 우리 몸을 위해 용맹하게 싸우고 이름 없이 죽어 가는 전사들에게 파이팅을 한 번 외치고 이번 시간을 마치도록 해요.

우리 몸의 전사, 파이팅!

감기는 어때?

이제 열이 좀 내렸어.

몸에 있는 전사들이 열심히 싸우고 있을 테니까 좀 더 힘을 내세요.

제 몸에 전사들이 있다고요?

물론입니다. 우리 몸의 전사는 바로 백혈구입니다. 적혈구와 달리 백혈구는 여러 가지가 있는데, 우리 몸의 전사들은 다양한 백혈구 가족이랍니다.

그럼 백혈구들은 어디서 만들어지나요?

적혈구와 백혈구는 모두 골수에서 만들어져요. 골수는 뼈의 속을 채우고 있는 연한 조직을 말합니다. 갈비뼈, 척추, 골반 등의 뼈에 적색을 띤 골수가 자리 잡고 있어요.

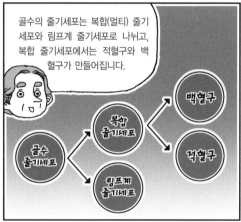

골수의 줄기세포는 복합(멀티) 줄기세포와 림프계 줄기세포로 나뉘고, 복합 줄기세포에서는 적혈구와 백혈구가 만들어집니다.

골수 줄기세포 → 복합 줄기세포 → 백혈구 / 적혈구

림프계 줄기세포

림프계 줄기세포에서는 림프구가 만들어지는데, 림프구에는 T림프구·B림프구·NK 세포 등이 있어요.

림프구들은 어떤 기능을 하나요?

T림프구는 적을 알아보고 사방에 알려 주거나, 숨어 있는 적세포를 죽이는 등 지휘관 구실을 합니다. B림프구는 항체를 만들어 적을 붙잡는 일을 하는데, 나중에 대식 세포가 와서 적을 먹어 치운답니다.

그렇군요.

2차 방어선의 용맹한 전사

우리 몸의 2차 방어선을 담당하는 백혈구와 대식 세포에 대해 알아봅시다.

3

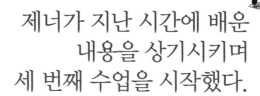

제너가 지난 시간에 배운
내용을 상기시키며
세 번째 수업을 시작했다.

피부와 눈물, 털, 침 등이 적을 방어하는 것을 1차 방어라고
했던 것을 기억하고 있는지 모르겠네요. 적이 1차 방어선을 통
과하여 몸 안에 침입하면 본격적으로 적과의 전쟁이 시작되는
거지요. 적이 성벽을 넘어 성안으로 침입한 상황이거든요.

이제 우리의 전사들과 목숨 건 싸움이 시작된답니다. 바야
흐로 2차 방어가 시작되는 거예요.

여기서 우리가 손발을 깨끗이 씻고 청결한 환경에서 생활
해야 하는 중요한 이유를 발견할 수 있어요. 더러운 환경에
서 생활할수록 우리 몸에 적이 많이 침입해요. 그만큼 우리

몸의 전사가 희생해야 되는 셈이지요. 우리 몸의 전사들이 주인을 잘못 만나서 소중한 목숨을 버려서야 되겠어요? 그러니 좀 힘들고 귀찮더라도 손발을 깨끗이 하고, 청소도 자주 해 주세요.

첫 번째 전사, 호중성 백혈구

이제 성안으로 침입한 적과의 싸움이 시작되었어요. 육박전이라는 말이 있지요. 적과 몸으로 싸우는 것 말이에요. 총을 쏘는 것이 아니라 서로 맞서서 총대로 치고, 칼로 찌르고 하는 싸움을 말하지요.

우리 몸이라는 성을 침입한 적들은 우리의 가장 용맹한 전사들과 육박전을 벌이게 된답니다. 적과 맨 처음 육박전을 벌이는 용맹한 전사는 호중성 백혈구라고 불리는 것이에요. 호중성 백혈구는 식균 작용을 하는 백혈구 중의 하나이지요.

호중성 백혈구는 평소에는 혈액을 통해 온몸을 돌아다녀요. 마치 경찰이 도로를 순시하는 것과 같아요. 혈관을 타고 온몸을 순시하다가 적을 발견하거나 연락을 받으면 적과 싸움을 한답니다. 호중성 백혈구는 아메바처럼 움직이며 병균

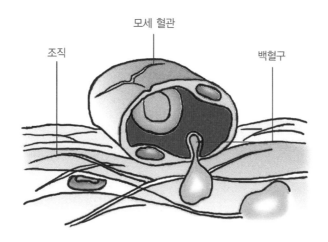

조직   모세 혈관   백혈구

을 잡아먹고, 혈관 밖으로 나가기도 한답니다.

몸에 상처가 나서 염증이 생기면 호중성 백혈구는 1mm³당 1만 개 이상으로 평소의 몇 배가량 숫자가 증가해요. 골수에서 위기를 알아차리고 급히 전사를 내보내는 것이지요. 그러면 이 전사들은 전쟁터로 모이게 된답니다.

어떻게 전쟁터를 아느냐고요? 전쟁이 일어난 지역에서는 호중성 백혈구를 불러 모으는 물질이 생겨난답니다. 이 물질이 혈관을 타고 퍼지게 되면 호중성 백혈구가 이를 감지하여 상처난 곳으로 모여드는 거지요.

호중성 백혈구와 싸우는 적은 비교적 큰 세균들이에요. 그래서 호중성 백혈구의 싸움은 항상 어렵고, 적과 싸우는 과정에서 호중성 백혈구가 많이 죽는답니다. 기력이 소진해서 스스로 죽기도 하고요.

여러분은 상처가 나서 곪은 적이 있나요? 그때 고름을 본 적이 있을 거예요. 고름에는 우리의 용맹한 전사인 호중성 백혈구의 시체가 많이 포함되어 있어요.

불행히도 호중성 백혈구는 수명이 짧아요. 2~3일밖에 살지 못해요. 늙은 전사는 싸울 수 없기 때문에 늘 젊은 전사를 준비하고 있는지도 모르겠어요. 아무튼 우리 몸을 돌아다니는 호중성 백혈구는 아주 젊은 전사예요.

호중성 백혈구의 수명이 짧아 우리 몸에서는 호중성 백혈구를 하루에 1조 개 정도 생산한답니다.

여러분은 1조 개가 얼마나 많은지 상상이 되나요? 남한 인구를 5,000만으로 볼 때 남한 인구의 2만 배에 해당하는 숫자랍니다. 이것을 보더라도 우리 몸이 적과 싸울 준비를 위해 얼마나 많은 힘을 기울이고 있는지 알 수 있어요.

두 번째 전사, 대식 세포

호중성 백혈구가 적을 모두 무찌르지 못하는 경우도 많아요. 우리의 전사들이 꼭 순서대로 적과 싸움을 하는 것은 아니지만 두 번째 전사로 생각되는 것이 대식 세포랍니다.

대식 세포는 한 생물학자가 불가사리를 뾰족한 것으로 찔러 상처를 냈을 때 투명한 세포가 모여드는 것을 보고 발견했어요. 상처가 난 곳에는 병균이 침입하고, 그곳에는 대식 세포가 어김없이 모여드는 것이죠.

대식 세포는 영어로 매크로파지(macrophage)라고 해요. '매크로'라는 말은 '크다'는 의미이고, '파지'란 말은 '세포를 죽이는 세포'를 뜻할 때 붙이는 말이죠. 그러니 대식 세포란 '세포를 죽이는 커다란 세포'라고 할 수 있어요. 불가사리는 적혈구가 없지요. 하지만 대식 세포와 같은 백혈구는 있어요. 백혈구가 얼마나 중요한 것인지를 알 수 있는 예가 아닌가 해요.

대식 세포는 세균뿐만 아니라 바이러스, 석면과 같은 이물질 등도 닥치는 대로 먹어 치우는 왕성한 식욕을 자랑한답니다. 그뿐만 아니라 수명을 다한 적혈구, 병들어 죽은 세포들, 적의 시체들도 모두 먹어 치워요. 그래서 대식 세포는 우리 몸의 용맹한 전사일 뿐만 아니라 청소부라고도 할 수 있어요.

폐의 예를 들어 볼게요. 폐는 수많은 폐포(허파꽈리)로 이루어져 있어요. 그래서 넓이가 70m²에 달해요. 배드민턴 코트

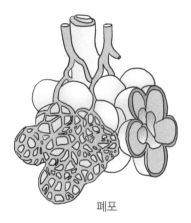

폐포

만 하다고 해요. 이렇게 면적이 넓으니 우리 몸에서 필요한 산소를 받아들일 수 있는 거랍니다.

　그런데 이렇게 넓은 면적에 온갖 세균과 곰팡이, 먼지 등이 날아드는 게 문제예요. 이런 것들을 그대로 놓아둔다면 폐는 망가지고 말 거예요. 다행히 대식 세포가 청소를 해 주기 때문에 폐포가 깨끗하여 산소를 잘 받아들일 수 있는 거예요. 대식 세포는 폐포의 표면을 미끄러지듯 돌아다니며 청소를 한답니다. 결국 대식 세포는 공기와 접촉하며 돌아다니는 셈이 되지요.

　얼마 전 아파트를 재개발한다며 부수는 과정에서 석면이 다량 날아다녔다고 하더군요. 그래서 주변의 주민들이 거세게 항의하여 공사를 중단했다는 뉴스를 들었어요. 석면은 폐에는 아주 좋지 않은 물질이지요. 석면의 입자는 끝이 날카롭답니다.

폐로 석면이 날아들면 우리의 용맹한 대식 세포는 그것을 먹어 버려요. 그러면 석면의 날카로운 끝이 대식 세포의 세포막을 뚫고 나오게 됩니다. 결국은 대식 세포가 죽게 되는 것이지요.

이렇게 석면은 청소가 되지 않고 폐포 내에 쌓이며 폐에서 분비되는 점액질 등과 결합하여 하나의 층을 이루게 된답니다. 그러면 공기와 폐포가 접촉하지 못하게 되어 산소 공급에 지장을 받게 되지요. 그뿐만 아니라 석면이 쌓인 부분은 암이 되기 쉽다는 사실도 알려졌어요.

호중성 백혈구와 대식 세포의 이야기를 듣고 있는 한편으로 어떻게 적을 알아보는가 하는 의문이 생겼을지도 모르겠네요. 그것은 적의 표면, 그러니까 세균의 표면에 우리 몸에서는 볼 수 없는 표시가 있어요. 우리의 전사들은 이것들을 알아보지요. 그래서 너는 적이구나, 너는 우리 편이구나 하고 구분하여 전쟁을 하는 것이에요. 우리 몸의 참 오묘한 이치라고 생각합니다.

지금까지 2차 방어선에 대해 설명했어요. 2차 방어선은 용맹한 호중성 백혈구와 대식 세포가 담당한다는 것을 이야기했어요. 이들이야말로 우리 몸을 지키는 최전선의 전사라고 할 만하지요? 하지만 우리 몸의 방어 작전은 여기서 멈추지 않아요.

선생님, 백혈구 중에도 저렇게 맨 먼저 나가서 싸우는 백혈구가 있나요?

물론입니다. 적과 맨 처음 싸움을 벌이는 용맹한 전사를 호중성 백혈구라고 해요.

호중성 백혈구요?

호중설 백혈구는 평소에 혈액을 따라 온몸을 돌아다니다가 적을 발견하거나 연락을 받으면 적과 싸움을 하지요. 아메바처럼 움직이면서 병균을 잡아먹고, 혈관 밖으로 나가기도 합니다.

그런데 어떻게 적이 있는 줄 알고 모이는 건가요?

싸움이 일어난 곳에서 호중성 백혈구를 불러 모으는 물질이 생기는데, 이 물질이 혈관을 타고 퍼지면 호중성 백혈구가 상처 난 곳으로 모이지요.

싸움에서는 당연히 호중성 백혈구가 이기겠죠?

아니에요. 적은 큰 세균인 경우가 많아서 호중성 백혈구의 싸움은 어렵고 희생도 많답니다.

호중성 백혈구가 불쌍해요.

호중성 백혈구가 적을 모두 무찌르지 못하는 경우에는 두 번째 전사로 대식 세포가 나섭니다.

지원군이군요.

대식 세포는 어떻게 싸우나요?

대식 세포는 세포를 죽이는 커다란 세포로 세균, 바이러스, 수명을 다한 적혈구, 병들어 죽은 세포, 적의 시체도 모두 먹어 치워요. 그래서 전사이자 청소부랍니다.

4

적 알아보기

우리 몸은 어떻게 적을 알아보고, 나를 알아볼까요?
자신만의 표면에 적의 표지를 매다는 '항원 제시'에 대해 알아봅시다.

4

네 번째 수업

적 알아보기

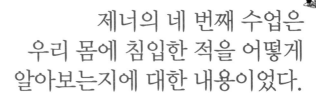

제너의 네 번째 수업은
우리 몸에 침입한 적을 어떻게
알아보는지에 대한 내용이었다.

    지난 시간에는 2차 방어선의 용맹한 전사인 호중성 백혈구와 대식 세포에 대해 이야기했어요. 우리 몸의 전쟁은 2차 방어선에서 끝나는 게 아니에요. 적들의 끈질긴 침입으로 대개는 3차 방어선에서까지 전쟁이 일어나곤 해요.

    3차 방어선에서 전쟁이 일어나면 우리 몸은 정말로 적과의 전면전을 벌이게 된답니다. 우리 몸의 비상사태라고 할 만하죠. 그러면 우리 몸에서는 소리 없는 경보가 울리고 적과 싸울 수 있는 모든 수단이 다 동원된답니다. 그동안 호중성 백혈구와 대식 세포라는 우리 몸의 특공대가 적과 육박전을 벌였다면, 이제는 총과 미사일 같은 무기를 동원하여 적과 싸우게 됩니다.

이들 특공대와 싸워서 살아남은 적에 대해서 우리 몸의 3차 방어선은 좀 더 치밀하게 조사합니다. 2차까지는 무작정 공격하여 방어하였지만, 3차 방어선은 적에 대해 더욱 자세하게 분석합니다. 사실 2차 방어 동안 적에 대한 분석은 이미 시작되었어요. 그래서 적이 누구인지를 파악한 다음 적을 무찌르게 됩니다. '지피지기면 백전백승'이라는 말을 아는지요? 적을 알고 나를 알면 백 번 싸워 백 번 이긴다는 의미이지요.

하지만 우리 특공대의 눈은 그렇게 밝지 않아요. 적인지는 알지만 그 적이 누구인지는 잘 알지 못한다고 할까요. 우리 몸에 침입한 적은 종류가 참 많아요. 우리 몸이 적과 싸우는 데는 그 적이 누구인지를 아는 게 중요해요. 그래서 어떤 종류의 적이 어떻게 쳐들어왔는가를 아는 것이 적과 싸우는 방법을 결정하는 데 중요한 지식이 된답니다. 그렇다면 우리 몸은 어떻게 적을 알아보고, 나를 알아볼까요?

어떤 적이 침입했는지 알려 주는 세포가 있다

우리 몸에 침입하는 적은 몇 가지일까요? 수없이 많다고 답할 수밖에 없지요. 우리 몸은 이렇게 수많은 적을 일일이 알아보고 구분하여 대응한답니다. 어떻게 그럴 수 있을까요?

지난 시간 우리는 대식 세포에 대해 이야기했어요. 우리 몸의 용맹한 전사이자 청소부라는 말을 했어요. 우리 몸이 적을 알아보는 데는 대식 세포의 구실이 매우 크답니다.

우선 적이 침입하면 대식 세포가 그것을 잡아먹어요. 여기서의 적은 내가 아닌 것을 의미해요. 그러니까 세균, 바이러스 같은 병원체 이외에도 꽃가루의 분비물, 우리 몸과 다른 단백질 등을 적으로 인식합니다.

적을 먹은 대식 세포는 그것을 분해하지요. 그리고 적의 표지가 될 만한 조각을 자신의 표면에 매달아요. 이것을 어려운 말로 항원 제시라고 한답니다. 이 말은 어떤 적이 들어왔는지를 보여 준다는 의미지요.

참고로, 이렇게 항원을 제시해 주는 세포가 대식 세포만 있는 것은 아니에요. 오히려 수상 세포가 항원 제시에 더 큰 일을 하는 것으로 알려져 있어요. 하지만 여기서는 흔히 알려진 대식 세포를 가지고 이야기하지요.

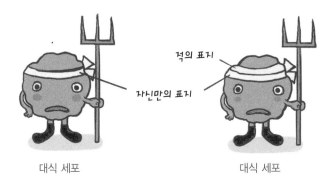

적의 표지

자신만의 표지

대식 세포

대식 세포

　그런데 어디에 적의 표지 조각을 매다느냐 하면 자신만의 표지에 이것을 매달아요. 여기서 자신만의 표지에 대한 설명이 좀 필요하겠지요?

　우리 몸의 세포 표면에는 자신만의 표지가 있어요. 이 표지가 '나'와 '나 아닌 것'을 구분하는 힌트가 됩니다. 같은 식구라는 명찰을 달고 다닌다고나 할까요. 여러분은 거부 반응이라는 말을 들어보았지요? 다른 사람의 장기를 이식할 때 거부 반응이 생기곤 해요. 우리 몸에 다른 사람의 장기가 이식되면 거부 반응을 일으켜 이식한 장기가 상하기도 한답니다. 그래서 거부 반응이 덜 일어나도록 의학적인 처리를 하기도 하지요.

　이때 내 것이 아닌 장기가 들어온 것을 알 수 있게 하는 것이 바로 세포 표면에 붙어 있는 자신만의 표지랍니다. 즉, 다른 사람은 나와 다른 표지를 가지고 있는 거지요. 그래서 되도록 이식받는 쪽과 이식해 주는 쪽이 유전적으로 비슷할수록 성공하기가 쉽답니다.

얼마 전 TV 프로그램에서 각막 이식 수술을 하는 것을 시청했어요. 각막이 흐려 보이지 않던 어린이가 엄마, 아빠를 보는 순간은 한 편의 감동적인 드라마라 할 수 있었어요. 각막의 경우는 혈관이 없어 림프구가 오지 않기 때문에 이식에 성공하기 쉽다고 합니다. 거부 반응을 일으키는 것은 림프구이거든요.

T림프구가 적을 알아본다

그러면 누가 와서 매달려 있는 적을 알아볼까요? 우리 몸의 전쟁에서 사령관 구실을 하는 T림프구가 여기에서 등장해요.

적을 분해하여 자신의 표지에 매단 대식 세포가 이렇게 말하는 것이죠.

"사령관님, 이런 종류의 적이 들어왔습니다."

그러면 T림프구가 답하는 것입니다.

"알았다. 작전 지시를 내리겠다."

으악!

　T림프구는 어떤 작전 명령을 내릴까요? 여기서 작전이란 적에게 감염된 병든 세포를 죽이도록 하는 것입니다. 적이 살 수 있는 공간을 없애 버리는 것이죠. 그리고 다음으로 항체를 만들라고 명령한답니다. 항체는 B림프구가 만듭니다. 이것은 우리 전사들을 돕는 무기, 총알이라고도 할 수 있는 물질이지요.

　유감스럽게도 우리의 사령관인 T림프구는 대식 세포처럼 적을 알려 주는 세포가 있어야 적을 알아본답니다. 우리 몸에서 적을 알려 주는 이른바 '항원 제시 세포'는 대식 세포 외에도 수상 세포, 이자 세포 등 여러 가지가 있다는 것을 참고로 알아 두세요.

　여기서 현명한 여러분은 한 가지 의문을 가질 거예요. 왜

T림프구는 꼭 대식 세포와 같이 적을 알려 주는 세포에 매달려 있는 표지만 알아볼 수 있는가 하는 점이에요. 그냥 돌아다니는 적을 알아보면 안 되는가 하는 의문이죠.

여기에 대한 답은 우리 몸만 알고 있어요. 하지만 이런 생각을 하는 학자도 있어요. '내가 아닌 것'을 어떻게 알아보는가? 그것은 내가 '나 아닌 것'으로 되는 것을 보고 알아본다는 거예요. 만일 대식 세포가 갖는 자신만의 표지에 아무것도 매달려 있지 않다면 그것은 바로 자기로 인식된답니다. 그런데 거기에 뭔가 이상한 게 붙어 있으면 내가 '나 아닌 것'이 되어 버린다는 거예요. 자, 아까 보았던 그림을 다시 보세요.

그림에서 대식 세포가 갖는 표지가 왼쪽과 같다고 해 봐요. 여기에 적의 표지가 매달리면 오른쪽과 같이 되죠. 바로 평소 자신의 모습에 익숙하지 않은 자신, 즉 내가 '나 아닌 것'

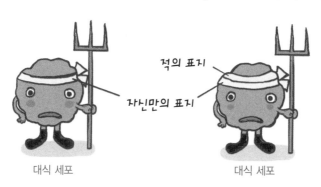

적의 표지

자신만의 표지

대식 세포   대식 세포

으로 된 것을 알게 됩니다. 그러므로 아주 익숙한 자신의 모습에 비추어 '나 아닌 것'을 알아보는 거예요. 그리고 달라진 부분을 적으로 인식하고, 그것이 어떤 종류인지를 알게 된다는 뜻이지요.

이해를 돕기 위해 좀 더 쉬운 예를 들어 보지요. 자, 아침에 등굣길에서 만난 두 여학생의 대화를 들어보세요.

여학생 A : 나 눈이 많이 부었어.
여학생 B : 그래? 난 잘 모르겠는데?
여학생 A : 잘 봐, 눈이 부었잖아.
여학생 B : 아냐, 뭐가 부어. 아무렇지도 않아.

A는 자신의 눈이 부었다고 주장하는데, B는 왜 A의 눈이 부은 것을 잘 모를까요? A는 자기 모습에 아주 익숙해져 있어요. 매일 거울을 보며 자기 모습을 유심히 보니까요. 그래서 자신의 눈이 조금 부은 것을 바로 알아차리죠. 하지만 B는 친구의 눈에 작은 변화가 있는 것을 잘 몰라요. 왜냐하면 A의 얼굴에 대해 A만큼 잘 알 수는 없으니까요.

이렇듯 T세포는 익숙한 자신의 모습이 달라진 것으로 적을 알아보지요. 이런 생각을 받아들인다면 결국 '나'를 정확히 알고 있는 것이 '나 아닌 것', 즉 적을 알아보는 것의 토대가 된다는 말이지요. 먼저 나를 알아볼 줄 알아야 적이 침입한 것을 알 수 있죠. 그래서 T림프구의 첫 번째 자격은 바로 나를 알아보는 능력이랍니다. 먼저 나를 알아야 적을 알 수 있다는 것입니다.

그래서 우리 몸의 전쟁에서는 '지피지기면 백전백승'이란 말을 '지기지피면 백전백승'이라고 바꿔야 할 것 같아요. 먼저 자기를 알지 않고는 적을 알 수가 없으니까요.

T림프구는 이런 방식으로 적을 알아봅니다. 그런데 여기서 우리가 더 생각해야 할 것은 T림프구가 어떻게 적의 종류를 아느냐는 점이에요. 우리 몸을 침입하는 적의 종류는 헤아릴 수 없이 많거든요.

좀 더 이야기하자면 우리 몸에 침입한 적의 종류에 따라 다

른 항체가 만들어져 전쟁을 하게 되는데, 이것은 T림프구가
적의 종류를 알아차리기 때문에 가능한 일이에요. 그렇다면
T림프구는 어떻게 적의 종류까지 알 수 있을까요? 다음 수업
에는 이에 대해 알아봐요.

우리 몸은 어떻게 적을 알아보고 구분하나요?

우리 몸이 적을 알아보는 데는 대식 세포가 큰 구실을 합니다. 대식 세포는 적이 침입하면 그것을 잡아먹고 분해한답니다.

우리 몸의 세포는 표면에 자신만의 표지를 두고 이것으로 '나'와 '나 아닌 것'을 구분하는데, 대식 세포는 이곳에 적의 표지가 될 만한 조각을 매달아요.

자신만의 표지

적의 표지

대식 세포

누구야?

그리고 이것을 '항원 제시'라고 하는데, 이 말은 어떤 적이 들어왔는지를 보여 준다는 의미예요.

그런데 누가 매달려 있는 적의 표시를 보고 명령하나요?

우리 몸의 전쟁에서는 T림프구가 사령관 구실을 한답니다.

사령관님, 이런 종류의 적이 들어왔습니다.

알았다. 작전 지시를 내리겠다. 적에게 감염된 병든 세포를 모두 죽이도록 해라.

대식 세포

사령관

T림프구

그리고 다음으로 항체를 만들라고 명령합니다. 항체는 B림프구가 만드는데, 이것은 우리 전사들을 돕는 무기, 총알이라고 할 수 있어요.

하는 일이 잘 나누어져 있네요.

사령관 T 림프구

가슴샘에서 '나' 와 '적' 을 알아보는 교육을 받는 T 림프구가
어떻게 적의 종류를 알아보고, 작전 명령을 내리는지 알아봅시다.

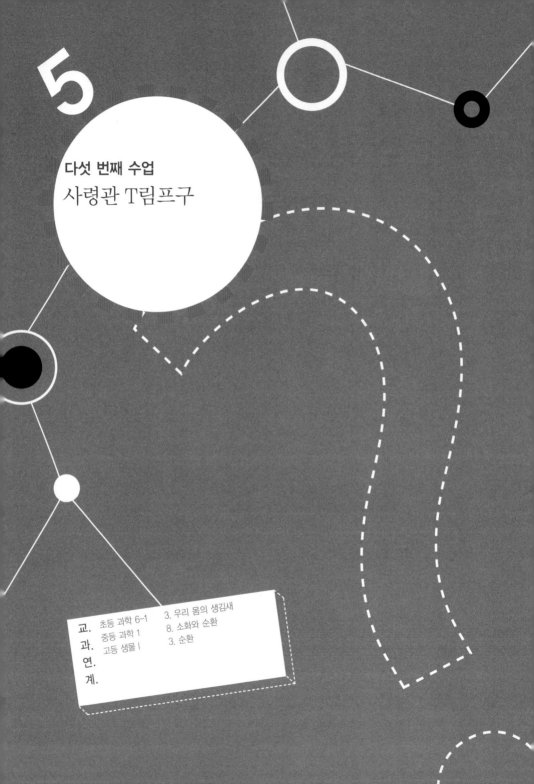

5

다섯 번째 수업
사령관 T림프구

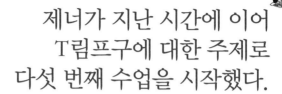

제너가 지난 시간에 이어
T림프구에 대한 주제로
다섯 번째 수업을 시작했다.

지난 시간에 T림프구는 대식 세포에 매달린 적의 표지를 보고 적이 침입한 것을 알게 된다고 이야기했어요. 이번 시간에는 T림프구에 대해 좀 더 깊이 공부함으로써 T림프구가 어떻게 적의 종류를 알아보고, 또한 작전 명령을 내리는지를 알아봅시다.

좀 복잡할 수도 있겠지만, 우리 몸의 치열한 전쟁을 이해하는 데는 T림프구에 대한 지식이 꼭 필요하다는 것을 먼저 명심하세요.

T림프구는 가슴샘에서 '나'와 '적'을 알아보는 교육을 받는다

전쟁에는 지휘관이 있지요. 지휘관이 없다면 병사들은 우왕좌왕할 것입니다. 그러면 그 전쟁은 결코 이길 수 없을 거예요. 우리 몸의 전쟁에도 지휘관이 있어요. 바로 T림프구가 그 일을 한다고 할 수 있지요.

우리의 사령관 T림프구는 쉽게 길러지는 게 아니에요. 엄격한 교육 과정을 거친답니다. 생각해 보세요. 지휘관이 아무나 된다면 전쟁에서 패배하는 것은 불 보듯 뻔한 일이지요? 그래서 지휘관은 오랜 교육과 실전 경험을 통해 길러져야 하는 것이에요.

T림프구가 태어나는 곳은 골수예요. 그러나 골수에서 탄생한 T림프구는 어느 정도 자란 뒤 가슴샘이라는 학교에 입학하게 됩니다.

가슴샘은 '가슴에 있는 샘'이라는 의미예요. 우리 몸에서 샘이란 무언가를 분비하는 곳을 가리키죠. 땀샘, 젖샘, 소화샘이 그렇잖아요? 가슴샘의 정확한 위치는 심장의 위랍니다. 즉, 심장의 앞면을 덮고 있는 모습을 하고 있어요. 결국 가슴샘은 가슴의 한복판에 위치해요.

참고적으로 T림프구라고 할 때 T는 가슴샘이라는 의미의 영어 'thymus'에서 앞 글자를 따온 것이에요.

이 가슴샘이라는 교육 기관은 매우 엄격한 사관 학교입니

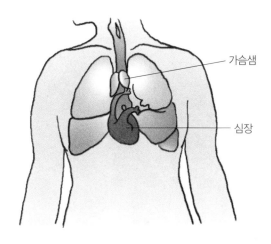

다. 자격이 되지 않는 T림프구는 졸업을 시키지 않아요. 여기서 졸업을 못한다는 것은 고향으로 돌아가는 것이 아니라 죽음을 의미해요. 필요 없는 T림프구는 죽음으로써 우리 몸에서 제거되는 것이에요. 그리고 가슴샘 사관 학교를 졸업하는 비율은 입학생의 10%에도 미치지 않아요. 너무 엄격한 졸업 정원제예요.

가슴샘 사관 학교를 졸업할 수 있는 중요한 요건은 우선 자기를 잘 알아보느냐에 있어요. 적과의 전쟁에서 아군을 알아보는 것이 먼저 필요하기 때문이에요. 아군의 모습에 익숙한 T림프구가 적을 잘 알아볼 수 있다는 것은 이미 지난 시간에 이야기했어요.

가슴샘 학교에서 '나'를 잘 알아보는지 테스트를 받아요. 그리고 조금이라도 '나'를 못 알아보는 T림프구는 가차 없이 죽음을 당하게 된답니다. 생각해 보세요. 만에 하나 자기를 적으로 알아보고 반응한다면 얼마나 위험한 일이 벌어지겠어요. 전방에 아군의 부대가 이동하고 있는데, 적으로 판단하고 공격 개시를 한다고 생각해 봐요. 많은 아군이 쓸모없는 죽음을 맞게 될 것이고, 결국에는 적에게 패배하게 될 거예요.

그래서 가슴샘 사관학교는 자기를 알아보는 데 실수가 없는 T림프구만 우선적으로 선별하여 졸업을 시키는 거예요. 물론 자기를 알아볼 뿐만 아니라 적과도 잘 반응을 하는 T림프구가 졸업을 하게 되겠죠.

T림프구에는 3종류가 있다

가슴샘 학교를 졸업할 때 T림프구는 3가지 전공으로 나뉘어요. 병원체에 감염된 세포를 죽이는 것을 전문으로 하는 T림프구, 적과의 전쟁을 지휘하는 T림프구, 전쟁이 적의 규모에 비해 과도하지 않도록 다독거려 주는 T림프구. 이렇게 3종류의 T림프구가 가슴샘 학교를 졸업하게 된답니다.

킬러 T림프구는 침입한 적을 죽이는 림프구가 아니에요. 바이러스에 감염되어 병든 세포를 죽이는 일을 한답니다. 적에게 점령당한 세포를 죽이는 것이지요. 화학 물질을 발사해 적의 거처를 없애는 것이에요. 그러면 병든 세포의 세포막에 구멍이 나면서 내용물이 빠져나와 죽게 되는 것입니다.

적과의 전쟁에서 사령관 노릇을 하는 T림프구를 헬퍼 T림프구라고 해요. 영어로 헬퍼(helper)는 '돕는 자'란 뜻이에요. 그래서 '보조 T림프구'라고도 하지요.

이미 말했지만 보조 T림프구의 지시를 받아야 킬러 T림프구도 활발히 활동하고, 항체를 제조하는 B림프구도 활동하는 것이에요. 만일 보조 T림프구가 잠자고 있으면 우리 몸의 전쟁은 호중성 백혈구와 대식 세포 등 특공대의 육박전에만 의존해야 해요. 사령관이 지시를 내리지 않으니 어쩌겠어요.

마지막으로 억제 T림프구라는 것도 있어요. 전쟁이 과도하게 일어나지 않도록 진정시키는 기능을 하지요. 전쟁이 과도하게 일어나면 자기 세포가 상할 위험이 있거든요. 여러분도 잘 아는 알레르기가 전쟁이 과도하게 일어나는 현상으로 볼 수 있는데, 이때 억제 T림프구가 제대로 기능하지 않는 경우가 많아요.

적의 종류를 전문으로 알아보는 보조 T림프구가 있다

림프구가 적(항원)의 종류를 어떻게 알아볼까요. T림프구가 적의 종류를 알아보는 것이 중요한 이유는 우리 몸의 항체가 적의 종류에 따라 다르게 만들어지기 때문이에요.

말하자면 A라는 적이 들어오면 a라는 항체를 만들고, B라는 적이 들어오면 b라는 항체를 만들지요. 기억해 두세요.

우리 몸은 적(항원)의 종류에 따라 항체를 다르게 만든다.

이렇게 적의 종류에 따라 다른 항체를 만드는 까닭은 보조 T림프구가 항체를 만드는 B림프구에게 지시를 하기 때문이에요. 그렇다면 보조 T림프구는 어떻게 적의 종류를 알까요? 우리 몸에 들어오는 적의 숫자는 무수히 많다고 그랬죠?

여기서 우리 인체의 신비한 현상 중 하나가 등장한답니다. 적의 종류에 따라 그 적을 전문으로 알아보는 보조 T림프구가 이미 정해져 있다는 것입니다. A라는 적을 알아보는 보조 T림프구와 B라는 적을 알아보는 보조 T림프구가 다르다는 것이에요.

그렇다면 이런 의문이 생길 것입니다.

'적의 종류마다 그것을 알아보는 T림프구가 따로 있다고? 그런데 적의 종류가 무수히 많다면? 그러면 T림프구가 어떻게 다 알아봐? T림프구가 그렇게 여러 가지란 말이야?'

그렇답니다! 우리 몸에는 적의 종류만큼이나 갖가지 적을 알아보는 일을 전문으로 하는 보조 T림프구가 많이 준비되어 있어요. 적과의 싸움에서 이기기 위해 얼마나 놀라운 준비를 하고 있는지 모릅니다.

이런 의문이 있을 것 같네요.

'만일 독성이 많은 병원체가 있는데, T림프구가 알아볼 수 없는 것이라면?'

그럴 수도 있어요. 이럴 경우 이 병원체에 감염되는 사람은 병에 걸리게 될 거예요. 적을 알아보지 못하니 목숨을 잃을 지도 모르죠. 역사적으로 수백만이 사망한 감기 같은 질병이 이런 종류의 병원체가 아닐까요?

적을 알아보는 방법

여기서 '알아본다'는 말이 무슨 뜻인지 설명하지요. 심화 학습이라고 생각하세요.

우리의 사령관 보조 T림프구가 눈이 있는 것은 아니지요. 그러면 적인지 아닌지를 어떻게 알아볼 수 있을까요? 몸에 대어 보고 안답니다. 눈이 없으니 더듬어서 안다고 할까요.

자, 다음 그림과 같이 대식 세포에는 자기와 남을 구분하는 '자신만의 표지'가 있다고 말했죠? 그리고 거기에 적의 표지 를 잘라 매단다고 하였죠? 그리고 이렇게 대식 세포가 알려

자신만의 표지

적의 표지

대식 세포

준 적만 보조 T림프구가 알아보는 것이죠.

그러면 어떻게 적을 알아볼 수 있을까요?

보조 T림프구는 대식 세포의 자신만의 표지와 적의 표지를 한꺼번에 자신의 몸에 돌출된 장치에 대어 보는 것이죠. 다음에 나오는 그림처럼 말이에요.

좀 어려운가요? 이렇게 생각하면 돼요. 적인지 아닌지를 한 번 껴안아 보고 안다고요. 여러분은 엄마 아빠와 자주 포옹을 하나요? 엄마 아빠와 포옹했을 때 눈으로 보지 않아도 엄마 아빠인 것을 알 수 있지요? 이미 익숙한 느낌이 있으니까요.

그런데 아무 보조 T림프구나 이를 알아보는 것이 아니에요. 대식 세포에 매달린 적의 표지를 알아볼 수 있는 보조 T림프구는 적의 종류마다 따로 있어요. 왜냐하면 적의 종류마다 모양이 다르기 때문에 그 모양에 맞는, 그러니까 마치 열쇠와 자

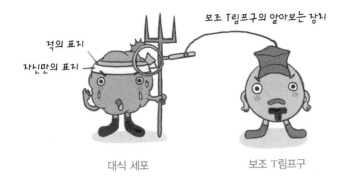

보조 T림프구의 알아보는 장치

적의 표지

자신만의 표지

대식 세포   보조 T림프구

물쇠의 관계처럼 적의 모양을 느낄 수 있는 돌출 장치를 갖는
보조 T림프구만 적을 알아본다는 거예요.

선생님, 저 사령관은 마치 우리 몸의 T림프구 같다고 할 수 있죠?

맞아요. 지난 시간에 배운 걸 잘 기억하고 있네요.

T림프구는 자동으로 모두 사령관이 되나요?

갓 태어난 T림프구는 어느 정도 자란 뒤 가슴샘이라는 학교에 입학하여 엄격한 교육 과정을 거친답니다.

와~, 학교도 있어요?

이 학교는 매우 엄격해서 자격이 되지 않으면 졸업을 시키지 않아요. 졸업하는 비율이 입학생의 10%에도 미치지 않아 대부분 불합격해요.

정말 엄격하네요.

졸업한 T림프구는 3가지 전공으로 나뉘는데, 병원체에 감염된 세포를 죽이는 T림프구, 적과의 전쟁을 지휘하는 T림프구, 전쟁이 적의 규모에 비해 과도하지 않도록 다독여 주는 T림프구가 있답니다.

우아~, 전공까지….

킬러 T림프구는 바이러스에 감염되어 병든 세포를 죽이는 일을 하고, 사령관 일을 하는 헬퍼 T림프구는 돕는 자라는 뜻으로 '보조 T림프구'라고도 해요.

그리고 전쟁이 과도하게 일어나지 않게 진정시키는 일을 하는 림프구를 억제 T림프구라고 하지요. 전쟁이 과도하면 자기 세포도 위험할 수 있어요.

우리 몸은 정말 신비로운 것 같아요.

적과의 전쟁

우리 몸의 전쟁에서 전사들이 분비하는 화학 물질은 무엇일까요?
신호 물질인 사이토카인에 대해 알아봅시다.

6

여섯 번째 수업

적과의 전쟁

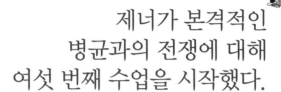

제너가 본격적인
병균과의 전쟁에 대해
여섯 번째 수업을 시작했다.

이제 적과의 전면전이 시작되었어요. 우리의 용맹한 전사, 몸으로 직접 부딪쳐 싸운 특공대만의 전쟁이 아니라 이제는 모든 군대가 전쟁에 참여하게 됩니다. 우리 몸은 전시에 돌입하게 되었어요. 물론 사이렌이나 폭탄이 터지는 소리도 들리지 않지만 우리 몸에는 전쟁이 일어났어요.

우리는 이미 적이 누구인지 알아냈어요. 우리의 사령관 T림프구는 전투 개시 명령을 내렸어요.

전쟁에서의 신호

여러분, 전쟁 영화를 본 적이 있지요? 베트남 전쟁이나 6·25전쟁 등을 소재로 삼은 영화가 참 많아요. 한국에서 많은 관객을 모은 〈태극기 휘날리며〉도 6·25전쟁을 소재로 한 영화이지요.

전쟁 영화를 보노라면 무전기가 꼭 등장해요. 여러분도 다 알다시피 무전기는 연락 수단이지요. 적이 어떻게 움직인다, 우리는 이렇게 싸우고 있다, 적이 너무 강하니 지원군을 보내라, 공격을 개시해라 등 전쟁 중에 필요한 연락 사항을 무전기로 주고받아요.

그렇다면 우리 몸에서 일어나는 전쟁에도 연락 수단이 있어야 해요. 싸우는 세포들 간에 연락 수단이 없다면 우리의 군사들은 혼란에 빠지게 될 거예요. 가야 할 곳을 모르고 왔다 갔다 하는 것을 우왕좌왕이라는 표현을 쓰지요. 우리의 군사들이 우왕좌왕하면 우리 몸은 적에게 패배하여 병에 걸리게 될 거예요.

그러므로 우리 몸의 전쟁에도 연락 수단이 있어요. 우리 몸의 전쟁에서 연락 수단은 적과 싸우는 데 동원되는 전사들이 분비하는 화학 물질들이에요. 즉, 신호 물질을 분비하여 서로 연락해요. 이러한 신호 물질을 '사이토카인'이라고 부른답니다.

우리의 사령관 보조 T림프구가 명령을 내릴 때도 사이토카인으로 명령을 내린답니다. 신호 물질의 연락을 받은 세포 전사는 총을 쏘기도 하고, 독성 물질을 만들기도 하며, 다른 세포에 또 다른 사이토카인으로 연락을 하기도 한답니다.

신호 물질, 사이토카인

사이토카인은 한 가지가 아니에요. 전쟁에 참여하는 세포 전사에 따라 다른 사이토카인을 분비하고, 또 한 가지 면역 세포에서 다른 종류의 사이토카인을 분비하기도 하니까요. 그리고 사이토카인으로 연락을 받은 세포는 또 다른 사이토카인을 분비하여 여러 종류의 사이토카인의 분비가 연쇄적으로 일어나기도 한답니다. 그래서 하나의 사이토카인이 주는 영향은 널리널리 퍼져 나가게 된답니다.

아직 사이토카인에 대해서 완벽하게 알지는 못해요. 종류도 많을뿐더러 어떤 일을 하는지 다 밝혀진 것도 아니에요. 더구나 하나의 사이토카인이 하나의 기능만 하는 것이 아니어서 정체를 알기가 더욱 어려워요.

사이토카인이 꼭 전쟁에 관계하는 세포에만 영향을 주는 것은 아니에요. 신경계와 혈액 순환에, 그리고 우리 몸의 여러 물질의 합성과 분해에도 영향을 미친답니다. 예를 들어 보지요. 여러분은 감기에 걸리면 열이 나는 것을 경험하였을 거예요. 열이 난다는 것은 그만큼 영양소가 많이 분비되어 에너지가 많이 나온다는 뜻이에요. 우리 몸이 적과 싸우는 데 많은 에너지가 필요하다는 것은 굳이 설명할 필요가 없어요.

이렇게 영양소가 분해되는 현상에도 사이토카인이 영향을 미칩니다. 또한 감기에 걸리면 졸리지요. 이 또한 사이토카인의 작용과 관계가 있어요. 사이토카인이 뇌의 작용에도 영향을 주는 것이지요.

졸음 이야기가 나왔으니 한 마디 더 하고 가지요. 여러분은 피로 회복에 가장 좋은 것이 잠이라는 사실을 알고 있지요. 마찬가지로 우리 몸이 적과 전쟁할 때 푹 자는 것이 도움이 된답니다. 적과 싸우는 힘이 강해져요. 감기에 걸리면 먼저 약을 먹을 게 아니라 푹 자는 것이 좋답니다. 잘 때 적과 싸움을 잘하게 돼요. 그래서 옛날부터 자는 것이 요양의 한 방법이 되어 왔어요. 우리 몸에 적이 침입하면 사이토카인의 작용으로 졸리게 되고 우리는 잠을 자게 되는 거예요. 그사이 우리 몸은 적과 열심히 전쟁을 치르고, 자고 나면 몸이 회복되는 것입니다.

잠을 못 자면 병에 잘 걸린다는 것은 잘 알려진 사실이에요. 실제로 잠을 못 자면 우리 몸의 전사 세포 수가 줄어든답니다. 쥐와 같은 동물을 잠재우지 않으면 평소에는 걸리지 않던 병에 걸려 쉽게 죽게 되지요.

그래서 잠을 자지 못하는 불면증이나 우울증은 우리 몸의 전투력을 감소시켜 병에 잘 걸리게 만들어요. 잘 자고 즐겁게 생활하는 것이 우리 몸이 적과 싸우는 데 큰 보탬이 된다는 사실을 명심하세요.

이처럼 우리 몸의 전쟁 중에 분비되는 신호 물질인 사이토카인은 몸에 전반적으로 영향을 준답니다. 여러분의 이해를 돕기 위해 비유를 하나 들겠어요.

어느 나라에 전쟁이 일어났어요. 적이 침입하기 시작한 것을 안 군대는 이를 전화로 상부에 보고합니다. 그러면 대통령은 군으로 하여금 전쟁에 나설 것을 명령합니다. 각 군대로 비상 연락망이 작동합니다. 전화, 무전기 등 모든 연락 수단이 동원됩니다. 군은 탱크를 몰고 적과 싸우고, 비행기로 방어에 나섭니다.

그리고 사이렌이 울려 댑니다. 국민들은 집에 식량을 준비하고, 방공호도 점검해요. 예비군이 조직되고, 민방위대도 활동하기 시작합니다. 적이 출현했다는 하나의 신호는 온 나라에 여러 가지 일이 일어나게 합니다.

우리 몸도 이와 같다고 생각하면 돼요. 사이토카인이 우리 몸의 전쟁 중에 전화가 되고 무전기가 되고 사이렌이 되는 거예요. 그래서 적과 전쟁이 일어나면 온몸이 비상 체제로 되는 거예요.

영양소를 분해하고 항체를 만들고, 몸을 졸리게 하고, 혈액

순환을 빠르게 하고, 식균 세포들이 모이게 하고……. 아마
도 사이토카인이 우리 몸에 미치는 영향을 완벽하게 이해하
는 것은 슈퍼컴퓨터로도 불가능할 거예요.

항체─우리 몸의 무기

적의 종류를 알아낸 보조 T림프구는 B림프구에게 사이토
카인으로 연락을 합니다.

T림프구: A라는 적이 침입하였다. A에 대항하는 항체를 만들라.

B림프구: 알았습니다. 곧 A에 대항하는 항체를 만들겠습니다.

연락을 받은 B림프구는 빠르게 분열합니다. 그리고 각 B림

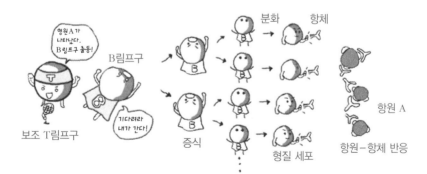

프구는 수많은 항체를 만들어 혈액에 띄웁니다. 이때 항체는 A라는 항원, 즉 A라는 적에게만 반응하는 항체예요.

이제 항체에 대해 이야기할 시간이 되었어요. 이미 항체에 대해서는 짧게 이야기한 것을 기억하지요? 항체에 대한 이야기는 우리 몸의 전쟁 이야기에서 가장 중요한 대목이라 할 수 있어요. 그러니 잘 알아 두세요.

항체는 적(항원)에 대항하기 위해서 만든 우리 몸의 단백질이에요. 모양은 Y자형으로 생겼어요. 그러면 항체는 어떤 일을 할까요? 우리 몸에 적이 침입하면 Y자 모양의 항체는 그림처럼 달라붙어요. 그런 다음 대식 세포 같은 식세포와 결합하지요.

그러면 식균 작용이 활발하게 일어나요. 그러니까 항체가 하는 일이란 식균 작용을 돕는 것이에요. 적을 생포하는 일

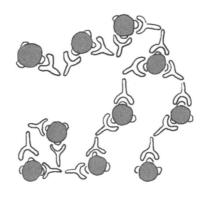

이라고나 할까요. 기억해 두세요.

항체는 식균 작용을 돕는다.

항체가 하는 일은 이외에도 또 있어요. 항체는 병원체의 독성을 줄여 주기도 한답니다. 이렇게 이해하면 될 것 같네요. 집 안에 사나운 강도가 침입했다고 가정해 봐요. 온 식구가 힘을 합하여 강도를 붙잡아요. 그러면 강도는 식구를 해칠 수가 없게 되지요. 이런 현상과 같다고 보면 된답니다. 항체가 병원체에 달라붙으면 병원체가 우리 몸에 해를 끼치지 못하게 되는 거예요.

또 항체는 병원체의 세포막에 구멍을 내는 단백질을 돕기도 한답니다. 어려운 말로 '보체'라는 단백질이 우리 혈액에 있는데, 보체는 병균의 세포막에 구멍을 내서 죽이는 것이 전문인 우리 몸의 무기 중 하나이지요. 이 보체가 항체의 도움을 받으면 작동을 잘한답니다. 둘이 힘을 합해 병균의 세포막에 구멍을 내서 병원체를 죽이는 것이지요.

항체 덕분에 우리 몸은 적과 효과적으로 싸울 수 있어요. 여러분도 AIDS란 병을 알지요? 적과 싸우는 힘이 없어지는 병이에요. 이 병은 한 마디로 '항체를 만들지 못하는 병'이라

할 수 있어요. 항체가 없기에 온갖 적이 들어와 활개를 치고
다녀도 그것을 효과적으로 잡을 수 없어서 정상인은 걸리지
않는 질병에 걸리게 된답니다. 항체가 하는 일이 얼마나 중
요한지 알려 주는 예라고 볼 수 있어요.

적의 종류마다 다른 항체가 대항한다

　보조 T림프구가 사이토카인으로 B림프구에 어떤 종류의
적이 침입했는지를 알립니다. 보조 T림프구가 B림프구에게
알려 주는 방법은 대식 세포와 T림프구가 만나는 장면과 유
사해요. 서로 몸을 맞댄 다음 사이토카인을 분비하여 알려
주지요. 이 과정은 너무 복잡하니 더 이상 이야기하지 않겠

어요. 아무튼 적의 종류를 연락받은 B림프구는 항체를 만들기 시작해요. 그러므로 적을 생포해 주는 무기, 항체를 만드는 공장과 같은 것이 B림프구예요.

그런데 여기서 우리는 놀라운 현상과 만나게 됩니다. 우리 몸에 들어오는 적(항원)의 숫자는 어림잡아 1,000만 개에 이른다고 해요. 이렇게 많은 적을 우리 몸은 각각 다른 항체로 대응합니다. 항체가 적과 결합하는 부분의 모양이 다양한 것이지요.

어떤 학자는 항체의 종류가 1조 개가 넘을 수도 있다고 주장합니다. 그만큼 우리 몸은 적에 대항하기 위해 철저한 준비를 하고 있어요. 참으로 인체는 신비한 존재예요.

림프절과 편도샘은 경비실이다

편도샘(편도선)이 부어 본 경험이 있나요? 편도샘에는 림프구가 많이 있어요. 그래서 입과 코로 침입하는 적을 막는 일을 하지요. 마치 아파트에 경비실이 있는 것처럼 편도샘에 림프구라는 경비원이 있어 감시를 한답니다. 편도샘이 붓는 만큼 적이 많이 침입했다는 표시예요.

림프절도 우리 몸의 경비실 구실을 한답니다. 다음 그림을 보세요. 콩 모양으로 생긴 림프절이 겨드랑이나 샅에 많이 있는 것이 보이죠? 여기에도 편도샘과 마찬가지로 림프구가 많이 있어요. 겨드랑이나 샅은 우리 몸 안으로 들어가는 길목이라고 할 수 있어요. 이곳에서 지나가는 적을 검문하여 없애는 곳이 림프절이랍니다. 그러므로 림프절은 검문소이기도 하고, 전쟁터이기도 합니다. 이곳에 갇힌 세균은 살아남기가 어렵지요.

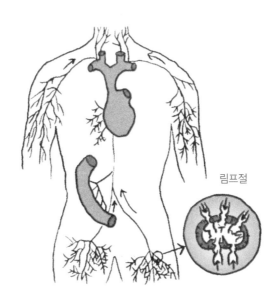

림프절

우리 몸에서 세포들은 어떻게 연락을 주고받나요? 무전기가 있는 것도 아니잖아요.

무전기는 없지만 다른 연락 수단이 있답니다. 바로 화학 물질이지요.

화학 물질이요?

세포들은 서로 신호를 전달할 수 있는 물질을 분비하는데, 이를 '사이토카인'이라고 한답니다. T림프구가 명령을 내릴 때도 사이토카인으로 하죠.

전쟁이 났다!!

사이토 카인

그럼 사이토카인은 무전기같이 연락만 주고받는 건가요?

아닙니다. 사이토카인은 신경계와 혈액 순환에, 그리고 여러 물질의 합성과 분해에도 영향을 미쳐요.

변신

왜엥?

우리 몸이 전쟁 중일 때 전화나 무전기, 또는 사이렌이 되는 거예요. 그래서 적과 전쟁이 일어나면 온몸이 비상 체제로 되는 거예요.

적을 파악하면 어떻게 싸우나요?

보조 T림프구는 B림프구에게 사이토카인으로 연락을 합니다. 이때 B림프구는 수많은 항체를 만들어 혈액에 띄우고요.

항체는 특정한 적에게만 반응하여 적을 생포하는 식균 작용을 돕습니다.

아, 항체 덕분에 적과 싸울 수 있군요.

혈액형

혈액형마다 성격적인 특색이 있을까요?
혈액형의 항원−항체 반응에 대해 알아봅시다.

7

일곱 번째 수업

혈액형

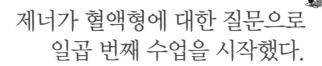

제너가 혈액형에 대한 질문으로
일곱 번째 수업을 시작했다.

여러분은 A형은 어떻고, B형은 어떻다는 등 혈액형마다 성격적인 특색이 있다는 이야기를 들어보았을 거예요. 그리고 그런 이야기들이 과연 과학적으로 근거가 있는지에 대해서도 궁금한 적이 있을 거예요.

정말 혈액형마다 사랑법이 다를까요?

인터넷에서 다음과 같은 글을 보았어요.

〈혈액형에 따른 사랑법〉

A형 : 짝사랑을 많이 함

B형 : 자신의 감정을 잘 드러냄

O형 : 첫눈에 잘 반함

AB형 : 치밀하게 상대를 고름

적혈구에 항원이 있다

항원과 항체에 대해 다시 한번 이야기한 다음 혈액형 이야기를 시작하지요. 혈액형이 항원 및 항체와 밀접하게 관련돼 있기 때문이에요.

항체란 이미 이야기했듯이 우리 몸이 항원에 대항하기 위해 만드는 무기입니다. 그러면 항원이란 무엇인가요? 항체를 만들게 하는 '나' 아닌 물질이지요. 그런데 이렇게 말하면 좀 짜증이 나지요. 쳇바퀴 도는 이야기가 되거든요. 항원은 항체를 만들게 하고, 항체는 항원에 대항하는 거고…….

자, 한 마리 세균이 몸 안에 침입했다고 가정해 봐요. 그러면 항원은 무엇인가요? 세균 자체가 항원이기보다는 세균이 붙어 있는 나 아닌 표지들이 항원이라고 보는 게 더 정확하답니다. 다시 말해 세균을 적이라고 보기보다는 세균에 붙어 있는 표지를 보고 적이라고 판단한다는 것이지요.

그러므로 하나의 세균에도 여러 가지 항원이 있을 수 있어요. 표지가 여러 개 있기 때문이죠. 대식 세포는 이러한 적의 표지를 매달아 놓아 T림프구가 어떤 종류의 적인지 알아보게 되는 것입니다.

그렇다면 A형과 B형은 생물학적으로 어떤 차이가 있을까요? 답을 말하자면 정말 사소한 차이예요. 이런 차이가 정말 혈액형 간의 성격 차이를 가져오는지 의아해지지요?

여러분은 적혈구의 모양을 기억하고 있는지 모르겠습니다. 적혈구는 막으로 되어 있는 도넛 모양의 주머니랍니다. 그 속에 헤모글로빈이라는 붉은색 색소가 가득 들어 있지요.

A형이란 무엇인가요? 적혈구의 막에 B형과 다른 A형만의 표지가 있답니다. 물론 B형에는 A형과 다른 표지가 있고요.

자, 그러면 A형인 사람에게 B형 적혈구가 들어갔다고 해

	A형	B형
적혈구 항원		
혈장 항체		
응집 반응		

봅시다. 바로 B형만이 갖는 표지가 A형에게 항원이 되는 거랍니다. 즉, A형이 볼 때 B형 적혈구는 적이 되는 거예요. 적(항원)이 들어오면 어떻게 한다고요? 그 항원에 대항하는 항체가 생겨나지요. 결국 B형 적혈구를 A형의 항체가 붙잡는답니다. 이런 현상을 응집 반응이라고 불러요.

자, 그러면 한번 연습해 봐요. B형인 사람에게 A형의 적혈구가 들어가면 어떻게 될까요? B형의 항체가 A형의 적혈구를 붙잡겠지요.

그러면 AB형이란 무엇일까요? 적혈구 표면에 A, B 두 가지 표지가 모두 있는 경우예요. 그러므로 AB형은 A형 혈액이 들어와도, B형 혈액이 들어와도 반응하지 않아요. 왜냐하면 모두 '자기'에 해당하니까요. 반면에 O형은 두 가지 표지가 모두 없어요.

그래서 O형에게 A형이나 B형 혈액이 들어가면 모두 적으로 여겨진답니다. 그래서 O형의 항체가 반응하게 되지요. 그러므로 O형은 다른 혈액형의 혈액을 받기가 어려워요. 반면에 AB형은 다른 사람의 혈액을 받기가 쉽답니다. 모두 '자기'로 알기 때문이지요.

이번에는 Rh형에 대해 생각해 봐요. Rh형도 역시 적혈구 막에 있는 표지에 의해 결정된답니다. 표지가 있으면 +, 없으면 −형으로 정해지지요. 그러니까 사람의 혈액을 표지가 없는 쪽과 있는 쪽, 둘로 나눈다는 거예요.

여기서 여러분은 좀 어리둥절해질 것 같아요. 그렇다면 A, B라는 표지와 Rh 표지는 무슨 관계인가 하는 생각이 들죠.

이렇게 생각하면 될 것 같아요. 머리카락 색이 노란색과 파란색밖에 없다고 생각해 봐요. 사람을 나눌 때 노란 머리카락을 가진 사람, 파란 머리카락을 가진 사람, 2가지 색이 다 있는 사람, 머리카락에 색이 없는 사람, 이렇게 나눌 수 있지

요. 또, 한편으로 머리카락이 곱슬인 사람, 그렇지 않은 사람
으로 나눌 수 있지요. 이렇게 사람을 서로 다른 기준으로 묶을
수 있는 것처럼 ABO식 혈액형과 Rh식 혈액형은 서로 다른 기
준으로 혈액형을 묶은 것이에요.

　여기서 또 의문이 생기지요? 도대체 혈액형은 몇 가지인
가? 여기에 대해서는 정확히 알 수 없다는 것이 답이랍니다.
아직 다 밝혀지지 않았다고 생각하면 좋을 것 같아요.

　한 가지 질문을 할게요. 그러면 'A형끼리는 혈액을 주고받
을 수 있다'는 말이 맞는 말인가요, 틀린 말인가요? 맞는 말
이지요. 단 ABO식 혈액형만 따질 때는요. 하지만 Rh형과 같
이 다른 계열 혈액형을 함께 생각할 때는 틀린 말이에요. 왜
냐하면 같은 A형이라 할지라도 한 사람은 Rh^+형이고, 다른

사람은 Rh⁻형일 경우 서로 혈액을 주고받기 어렵답니다. 그래서 수혈 전에 꼭 응집 반응 검사를 해 봐야 한다는 거예요.

한국인은 Rh⁺형이 98% 정도이고, 나머지 2%가 Rh⁻형이라고 하지요. 그래서 Rh⁻형은 사고를 당하여 수혈이 필요할 때 불리한 점이 있어요.

자, 그러면 ABO식 혈액형은 어떻게 검사할까요?

A형은 B형을 적으로 인식하는 항체를 가지고 있지요. 이 항체만을 모아 놓았다고 해 봐요. 여기에 혈액형을 모르는 혈액 X를 떨어뜨렸을 때 응집 반응이 일어났다고 해 봐요. 혈액 X는 무슨 형인가요? B형이나 AB형이지요. 그러면 B형인지 AB형인지를 어떻게 알 수 있나요? B형이 갖는 항체에 이 혈액을 떨어뜨려요. 그래서 응집이 일어난다면 혈액 X는 AB형이에요.

이렇게 혈액형의 결정은 기본적인 항원–항체 반응으로 한답니다. 좀 어렵지요? 나중에 생물 시간에 혈액형을 배울 때 이 내용을 다시 읽어 보기 바랍니다. 이해가 쉽게 될 거예요.

자, 그러면 혈액형과 성격은 관련이 있을까요?

관련이 있을 수도 있고, 없을 수도 있어요.

무슨 대답이 그렇냐고요? 과학적으로 성격과 혈액형의 관련성이 증명되지 않았기 때문에 관련이 없다고 해도 문제가

있고, 있다고 해도 문제가 있어요. 그러니 재미 삼아서 이야
기를 해 보는 거다, 그렇게 생각하는 편이 좋아요. A형이지만
무척 활달한 사람이 있는가 하면, O형인데도 아주 신중하고
조용한 사람이 있으니까요.

천연두와의 전쟁

제너는 어떻게 천연두의 예방법을 알아냈을까요?
한 번 침입했던 적을 기억하는 림프구를 기억 세포라고 합니다.
기억 세포에 대해 알아봅시다.

여덟 번째 수업

천연두와의 전쟁

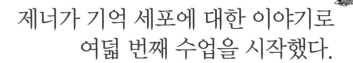

제너가 기억 세포에 대한 이야기로
여덟 번째 수업을 시작했다.

　우리 몸은 적과의 전쟁이 끝나면 한 번 침입했던 적을 기억
하는 능력이 있어요. 그것은 우리 몸의 림프구가 적을 기억
하고 있기 때문이에요. 이렇게 한 번 침입했던 적을 기억하
는 림프구를 기억 세포라고 합니다.

　기억 세포가 있으면 적이 다시 침입했을 때 쉽게 알아보고
신속하게 대량으로 항체를 만들어 냅니다. 마치 군인이 군
복을 입고, 군화를 신고 총을 멘 채로 잠을 자는 것과 같다고
나 할까요.

조지 워싱턴 장군의 명령

천연두는 열이 나고 온몸에 부스럼이 돋아나는 병으로 환자의 30%가량이 사망하는 무서운 병이에요. 천연두에 관해서는 특히 미국의 독립 역사에 많이 기록되어 있어요. 유럽인들이 아메리카 대륙을 점령하는 데 천연두가 도움을 주었다고 합니다.

백인이 옮긴 천연두가 수많은 원주민들을 죽였기 때문에 유럽인들은 손쉽게 아메리카 대륙을 점령했대요. 그리고 훗날 캐나다를 합병하려고 침략했던 미국 군이 역시 천연두로 많은 군인이 죽어서 전쟁에 패배했다는 역사적인 기록도 있

어요. 또한 에스파냐(스페인)는 원주민의 절반에 해당하는 350만 명이 천연두로 죽어서 멕시코를 점령할 수 있었어요. 이렇게 천연두라는 전염병은 총이나 칼보다 더 무서운 질병이었어요.

한 번 천연두에 걸린 사람은 또다시 걸리지 않는다는 사실은 아주 예부터 널리 알려졌지요. 그래서 고대 중국에서는 젊은이들에게 일부러 이 병에 걸리도록 했다고 합니다. 몸이 건강한 젊은이들은 천연두에 걸려도 죽지 않고 살 가능성이 아무래도 많기 때문이에요. 그리고 일단 살아남은 젊은이는 아주 귀한 대접을 받았다고 하네요. 하지만 많은 젊은이들이 천연두에 걸려 죽었어요.

그래도 예방법이 널리 이용되었던 것은 그만큼 천연두가 무서운 전염병이었기 때문이에요. 아마도 역사상 가장 인류를 괴롭혔던 전염병이 아닌가 싶어요.

여러분은 미국의 초대 대통령인 조지 워싱턴 장군을 아마 기억할 거예요. 워싱턴은 미국이 영국과 치른 독립 전쟁에서 미합중국의 혁명군을 지휘했던 장군이에요. 워싱턴은 모든 군인에게 천연두의 예방 접종을 할 것을 명령했어요. 자신이 이미 천연두를 앓았던 경험이 있던 워싱턴은 천연두가 적의 총칼보다 더 무섭다는 사실을 잘 알고 있었기 때문이에요.

이 명령 덕분에 많은 병사들이 천연두로부터 보호될 수 있었어요.

당시의 예방 접종이란 천연두 환자의 상처 딱지를 갈아 만든 분말을 상처에 발라 주는 원시적인 방법이었어요. 이 방법이 어떻게 예방 주사의 효과를 가져올 수 있었을까요?

천연두 환자의 딱지에는 죽은 천연두 바이러스가 들어 있어요. 이 딱지를 갈아서 주사하면 사람의 몸 안에서 천연두 바이러스를 기억하게 돼요. 천연두 바이러스를 기억하는 기억 세포가 생겨나는 것이지요. 그러면 나중에 진짜 천연두 병원체가 들어오더라도 기억 세포에 의해 신속하게 적과 싸우는 거예요. 적이 들어와서 세력을 키우기 전 섬멸 작전에 들어가니 효과적으로 적을 무찌를 수 있다는 것이에요.

제너와 우두

1776년 나, 제너에 의해 천연두 예방 접종이 좀 더 안전하게 개선되었어요. 제너의 '종두법'이라는 방법이지요. 나는 소의 젖을 짜는 여성들은 천연두에 걸리지 않는다는 사실을 알게 되었어요. 소에게는 우두라는 병이 있는데, 소의 젖을 짜는 여성들은 이 병에 걸리곤 했어요. 우두는 마치 천연두처럼 손이나 발에 부스럼이 생기다가 나았는데, 우두에 걸린 여성들은 천연두에 걸리지 않는다는 것이 당시 영국의 글로스터셔라는 시골에 널리 퍼진 믿음이었어요.

나는 이 사실을 알고 역사적인 실험을 계획했어요. 제임스 핍스라는 소년을 상대로 이 사실을 과학적으로 입증하려고 했어요. 우선 소년의 팔에 상처를 내고 우두로 생긴 고름을 채취하여 상처에 발랐어요. 소년은 가볍게 우두 증상을 보였으나 곧 회복되었어요.

그런 다음 일주일 후 천연두 환자에게서 얻은 고름을 같은 방식으로 소년의 팔에 발랐어요. 그랬더니 천연두에 걸리지 않았어요. 우두와 천연두의 관계를 실험적으로 입증해 보인 쾌거였어요.

나의 실험은 다소 위험한 시도였어요. 물론 나는 우두 접종

의 효과에 대한 확신이 있었지만, 우두 접종이 천연두를 예
방하지 못하면 소년이 천연두에 걸릴 수도 있었어요. 그래서
소년에게 우두 접종을 하기 위해 소년의 부모를 어렵게 설득
하고 허락을 받아 냈어요. 만일 실패하여 소년이 목숨이라도
잃는다면 나는 큰 곤경에 빠졌을 거예요.

　그러므로 나 또한 이 실험을 하는 데 모험심이 많이 필요했
어요. 이렇게 인류의 건강에 기여한 실험은 모험심에 힘입어
이루어졌어요.

　자, 이제 여러분의 마음속에 있는 의문을 해결하겠어요. 어
떻게 우두 접종으로 천연두를 예방할 수 있는가 하는 의문 말
이에요.

대답은 이렇습니다. 우두라는 병을 일으키는 바이러스와 천연두라는 병을 일으키는 바이러스가 무척 닮았기 때문이에요. 그래서 우리 몸은 우두 접종을 통해 들어온 우두 바이러스를 기억한 다음, 나중에 진짜 천연두 바이러스가 들어왔을 때 천연두 바이러스를 우두 바이러스로 착각하고 방어하는 것이에요. 다시 한번 정리해 보죠.

1. 우두 바이러스를 상처에 접종
2. 우두 바이러스가 소년의 몸 세포들과 전쟁
3. 소년의 B림프구가 우두 바이러스를 기억
4. 진짜 천연두 바이러스를 상처에 접종
5. 우두에 대한 기억 세포가 천연두 바이러스를 우두 바이러스라고 착각하고 공격
6. 천연두에 걸리지 않음

오늘날에는 천연두 환자를 볼 수 없어요. 천연두에 대한 예방 접종을 꾸준히 하고, 발병하는 지역에는 집중적으로 방제 활동을 하여 천연두가 퍼져 나가지 못하게 했기 때문이에요. 세계 보건 기구에서는 '천연두 박멸 부대'를 만들어 수많은 사람에게 예방 접종을 하였어요. 드디어 이러한 노력의 결과

로 1980년에는 '천연두 박멸 선언'을 하게 되었지요. '이제 천연두라는 질병은 지구상에서는 없다'는 선언이었어요. 그래서 지금은 예방 접종을 하지 않아도 된답니다.

1980년은 인류가 천연두라는 무서운 질병을 스스로의 힘으로 이겨 낸 의미 있는 해예요. 인류를 가장 괴롭혔던 질병인 천연두가 그해에 지구상에서 완전히 사라졌어요.

만화로 본문 읽기

선생님, 미국의 독립 역사를 읽었는데, 아메리카 대륙의 원주민들이 천연두로 많이 죽었더라고요.

그만큼 천연두가 무서운 전염병이었기 때문이지요.

"나 우두 걸렸어!"

그런데 천연두 예방 접종 방법인 '종두법'을 선생님이 만드셨다면서요?

그래요. 소에게는 우두라는 병이 있는데 소젖을 짜는 여성들이 이 병에 걸리곤 했지요. 그런데 우두에 걸리면 천연두에는 걸리지 않았지요.

"우두에 걸리면 천연두엔 안 걸려."

나는 이 사실을 알고 한 소년에게 우두로 생긴 고름을 발라 천연두에 대한 관계를 실험했지요.

다소 위험한 실험 같은데요.

우두 접종의 효과에 대해 확신이 있었지만, 우두 접종이 천연두를 예방하지 못하면 소년이 천연두에 걸려 목숨을 잃을 수도 있었어요.

결과가 어땠나요?

천연두에는 걸리지 말아야 할 텐데….

소년은 천연두에 걸리지 않았어요. 우두와 천연두의 관계를 실험적으로 입증해 보인 쾌거였지요.

선생님의 모험적인 실험이 인류의 건강에 크게 기여했네요.

그런데 무서운 전염병인데 왜 현재는 예방 주사를 맞지 않는 거죠?

예방 접종을 꾸준히 하고, 집중적으로 방제 활동을 한 덕분에 이젠 천연두가 완전히 사라졌기 때문이에요.

정말 다행이네요.

파스퇴르와 백신 개발

백신을 맞으면 병에 걸리지는 않지만 백신을 통해 들어온 병원체를
기억할 수 있게 됩니다. 나, 제너의 우두 접종 원리가
닭 콜레라 발견의 중요한 기초가 되었어요.
파스퇴르가 개발한 닭 콜레라 백신에 대해 알아봅시다.

9

아홉 번째 수업
파스퇴르와 백신 개발

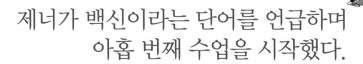

제너가 백신이라는 단어를 언급하며
아홉 번째 수업을 시작했다.

천연두와의 전쟁 과정에서 백신이라는 말이 생겨났어요. 백신(vaccine)이란 죽이거나 약화시킨 병원체라고 생각하면 돼요. 그래서 백신을 맞으면 병에 걸리지는 않지만 백신을 통해 들어온 병원체를 기억할 수 있게 된답니다.

여러분은 간염 백신을 맞았을 거예요. 간염 백신을 3회 정도 맞으면 우리 몸이 간염 바이러스를 확실히 기억하게 돼요. 그랬다가 진짜 간염 바이러스가 몸에 들어오면 쉽게 물리칠 수 있어요. 미리 싸울 준비를 해 두었기 때문이죠.

우연히 발견된 닭 콜레라 백신

여러분은 아마 파스퇴르에 대해 알고 있을 거예요. 파스퇴르(Louis Pasteur, 1822~1895)는 저온 살균법으로 유명하지요. 저온 살균법이란 우유나 포도주를 소독하기 위해서 고온으로 가열하면 그 안에 있는 영양소가 파괴되기 때문에 58℃로 2시간 정도 가열하는 것을 반복하여 살균하는 방법이에요.

나의 우두 접종 이후 여러 가지 병에 대한 백신 개발이 관심을 끌게 되었어요. 백신이 개발되는 데는 파스퇴르의 공로가 가장 컸답니다.

파스퇴르와 그의 연구팀이 개발한 첫 번째 백신은 닭 콜레라 백신이었어요. 닭도 콜레라에 걸립니다. 물론 사람의 콜레라와는 관계가 없지만요. 유럽의 농부들은 닭 콜레라를 매우 두려워했어요. 닭이 콜레라에 걸리면 죽기 쉬웠으니까요.

파스퇴르의 연구팀은 콜레라에 걸린 닭에서 콜레라균을 배양하였어요. 닭고기 수프에 콜레라에 걸린 닭의 피를 떨어뜨려 콜레라균을 배양하는 방법을 사용하였지요. 콜레라균을 배양하던 수프를 닭에게 주면 닭이 콜레라에 걸리는 것을 보고 콜레라균이 배양되는 것을 알 수 있었죠.

그러던 어느 날 파스퇴르는 며칠간 배양 용기의 뚜껑을 열어 방치해 두었던 콜레라균이 들어 있는 닭고기 수프를 닭에게 주었어요. 그랬더니 닭이 약한 콜레라 증세를 보이다가 회복하는 것을 발견하였어요. 그리고 오래 방치된 수프를 먹일수록 닭의 콜레라 증세는 약화되는 것을 발견하였죠.

당시에 천연두와 같은 질병을 통하여 한 번 걸린 병에는 다시 안 걸리는 현상이 널리 알려져 있었어요. 이러한 사실을 기억해 낸 파스퇴르 연구팀은 방치된 수프를 닭에게 먹여 약한 증세의 콜레라에 걸리게 한 다음, 회복되기를 기다렸지요. 그랬다가 독성이 강한 콜레라균을 닭에게 주사했어요.

어떻게 되었을까요? 닭들은 콜레라에 걸리지 않았어요. 드디어 닭 콜레라 백신이 개발되었어요. 참으로 우연한 기회에 닭 콜레라 백신이 개발되어 많은 농부들의 시름을 덜게 했어요.

닭 콜레라 백신의 우연한 발견은 '준비된 자에게 기회가 온다'는 말을 생각나게 해요. 닭 콜레라균이 방치된 수프에서 약화되는 것은 우연한 발견이었지만, 이러한 현상을 이용하여 백신을 개발한 것은 파스퇴르 연구팀이 '준비된 자'였기 때문이에요.

그리고 나의 우두 접종 원리가 닭 콜레라 발견의 중요한 기초가 되었어요. 나의 모험심에 찬 실험이 파스퇴르의 닭 콜레라 백신의 개발에 중요한 원리를 제공하였던 거지요. 이렇게 과학은 이미 얻어진 실험 결과를 토대로 발전해요.

여러분도 열심히 공부하여 훗날 여러분의 실험 결과를 바탕으로 훌륭한 연구 성과가 나올 수 있게 하세요. 준비된 자에게 기회가 오는 법이에요.

탄저병 백신의 개발

양이 탄저병에 걸리면 다리가 약해지고 비틀거리다 갑자기 죽게 된답니다. 탄저병 때문에 양을 키우는 농부들이 입는 피해는 말할 수 없이 컸어요. 파스퇴르는 닭 콜레라의 백신을 발견한 다음 이어서 탄저병 백신을 개발하였어요.

파스퇴르가 탄저병 백신을 개발하고 그 효과를 증명해 보이는 과정은 과학의 역사에서 아주 유명한 일화로 남아 있어요.

파스퇴르가 탄저병 백신을 개발하였다고 하자, 많은 사람들이 파스퇴르의 말을 믿지 않았어요. 당시는 아직 과학에 무지했던 시대라 탄저병이 세균에 의해 전염된다는 사실조차도 인정하지 않았지요. 게다가 그의 여러 업적을 시기하던 사람들은 파스퇴르의 말을 의심하고 비난했어요.

그러던 중, 파스퇴르는 자신의 백신 개발을 의심하던 사람들 앞에서 공개적으로 백신을 입증하는 실험을 했어요. 1881년 5월 5일, 프랑스 푸이르포르의 목장에서 많은 사람들이 지켜보는 가운데 실험이 진행되었지요. 평소 파스퇴르는 적당한 장소와 기회가 주어지면 백신을 대규모로 사용해 반대하는 사람들의 주장을 잠재우고 싶다고 말해 왔어요. 그 말을 들은 파스퇴르의 반대편 사람들은 파스퇴르의 주장이 틀렸다는 것을 증명하기 위해 공개적인 실험을 제안했어요.

자신의 주장이 옳음을 보이고 싶어 했던 파스퇴르와 파스퇴르의 주장이 틀리다는 것을 확인하고 싶어 했던 사람들의 생각이 맞아떨어져 공개적인 실험이 진행되었어요. 이 실험은 전국을 떠들썩하게 만들 정도로 유명했어요.

파스퇴르는 실험실에서 이미 자신의 백신이 효과가 있다는 사실을 확인했지만, 만일 백신이 효과가 없을 경우 자신의 명성에 먹칠을 할 수도 있었어요. 더구나 백신이 효능이 없기를 바라는 사람들이 많았기 때문에 아주 부담스러운 실험이었지요. 하지만 파스퇴르는 용감하게 도전을 받아들여 실험에 임했어요.

어쨌거나 실험은 시작되었어요. 파스퇴르 연구팀은 60마리의 양을 제공받았어요. 그중에 10마리는 나중에 비교하기 위해 그냥 놓아두고, 50마리를 25마리씩 두 무리로 나누었어요. 그리고 25마리에만 백신을 놓았고, 백신을 놓았다는 표시로 귀에 구멍을 냈답니다.

그 후 2주일 동안 백신을 맞은 양들은 가벼운 탄저병 증세를 보였으나 다 회복되었어요. 파스퇴르 연구팀은 백신을 맞았던 양들에게 다시 한 번 백신을 놓았어요. 그리고 다시 2주일 후에 50마리 양을 모두 붙잡아 탄저병균을 주사했어요.

파스퇴르 연구팀은 자신 있게 주장했어요. 6월 2일에는 백신을 주사했던 양들은 살아 있고, 그렇지 않은 양들은 모두 병에 걸려 죽을 것이라고 말이에요.

운명의 6월 2일 농림부 장관, 의사, 수의사, 기자 등 많은 사람들이 목장에 몰려들었어요. 결과는 어떻게 되었을까요?

파스퇴르의 주장대로 백신을 맞았던 양은 모두 살아 있었으나, 그렇지 않은 양 중 22마리는 죽었고 나머지 양도 하루를 못 넘기고 죽었어요. 결과는 파스퇴르의 승리였답니다.

이 공개 실험의 결과로 파스퇴르의 백신은 인정받게 되었어요. 그리고 그의 백신법이 널리 이용되어 많은 양과 젖소 등 가축이 탄저병에서 해방되었어요.

광견병 백신의 개발

파스퇴르의 백신 개발은 여기에서 멈추지 않았어요. 파스퇴르는 광견병 백신도 개발하였어요. 광견병이란 바이러스성 질병으로, 광견병 바이러스를 가지고 있는 개에게 물릴 경우 신경통 같은 증세를 보이다가 심한 불안 증세가 나타나고, 발병 후 3~5일에 호흡 곤란 증세로 죽게 되는 무서운 병이지요.

파스퇴르는 광견병에 감염된 환자들에게서 채취한 혈액을 토끼의 척수에 이식하고, 그것을 건조시켰어요. 그러면 광견병의 병원체가 약화되어 백신으로 이용할 수가 있었어요. 광견병은 잠복기가 있기 때문에 광견병을 가진 개에게 물린 사람에게 바로 백신을 투여하면 항체가 생겨 개로부터 전염된 광견병 바이러스를 물리칠 수 있어요.

광견병 백신의 개발은 탄저병 백신의 개발과는 다른 문제가 있었어요. 탄저병 백신은 양을 대상으로 했지만, 광견병 백신은 사람에게 투여해야 했기 때문이에요. 생각해 보세요. 어떤 병에 대한 백신을 개발하였을 경우 그것의 효과 여부를 어떻게 입증할 수 있을까요? 사람에게 백신을 투여한 다음, 진짜 병원체를 주사해 병에 걸리는지 여부를 지켜봐야 효과 여부를 판단할 수 있지 않겠어요?

그래서 파스퇴르는 자신의 몸을 이용하여 백신의 효과를

검사해 보려는 생각도 했답니다. 그리고 사형 선고를 받은 죄수들을 이용하려는 계획을 세우기도 했어요. 물론 실행에 옮기지는 않았어요.

많은 사람들이 파스퇴르의 실험에 반대했어요. 사람은 실험 대상이 될 수 없다는 것이 반대하는 사람들의 이유였어요. 또한 동물을 대상으로 실험을 하더라도 동물 애호가들이 반대하곤 했어요.

이렇게 새로운 일을 하려는 사람에게는 반대가 있게 마련입니다. 파스퇴르의 광견병 백신 개발도 이런 어려움이 있었어요.

파스퇴르가 광견병 백신을 연구한다는 소문이 나자 많은 사람들이 광견병을 치료해 달라고 요청했어요. 하지만 파스퇴르는 사양했어요. 아직 사람에게 실험할 수 없노라고 말하면서 말입니다.

그러다가 1885년 7월 6일 알자스 지방에서 개에게 물린 어린 소년을 대상으로 실험하게 되었어요. 제너가 우두 접종할 때와 마찬가지로 파스퇴르도 위험을 감수해야 했어요. 그리고 마침내 백신의 효력을 입증하게 되었답니다.

파스퇴르는 의사는 아니었지만 사람들의 생명을 의사보다 더 많이 구한 학자였어요. 그가 없었다면 인류가 질병과의 전쟁에서 승리하는 과정은 훨씬 더디게 진행되었을 거예요. 파스퇴르는 백신의 개발뿐만 아니라 많은 생물학적인 연구 업적도 남겼어요.

지금까지도 많은 업적을 남기고 있는 파스퇴르 연구소에는 현재 2,000여 명의 연구원들이 활발히 연구하고 있어요. 이 연구소에서는 백신, 항생제, 그리고 각종 의약품을 개발하고 있으며 생화학, 유전학 등 생명 과학에 대한 연구를 계속하고 있답니다.

끝으로 파스퇴르는 애국자였다는 것을 이야기하고 싶어요. 파스퇴르는 조국 프랑스가 전쟁에 휘말리자 50세의 나이에 아들과 함께 군에 지원했어요. 몸이 건강하지 못해 결국 군에 가지는 못했지만 말입니다.

하지만 그는 백신을 개발하여 조국 프랑스에 큰 도움을 주었어요. "과학에는 조국이 없지만 과학자에게는 조국이 있다."는 유명한 말을 남기기도 했지요. 프랑스 정부는 그의 공로를 인정하여 최고의 훈장을 수여하였답니다.

선생님의 우두 접종 이후 여러 가지 병에 대한 백신 개발이 관심을 끌게 되었다면서요?

파스퇴르의 닭 콜레라 발견의 중요한 기초가 된 것도 우두 접종 원리라던데요?

그래요. 오늘은 파스퇴르가 탄저병 백신을 개발하고 그 효과를 증명해 보이는 과정에서 생긴 유명한 일화를 알려 줄게요.

재밌겠어요. 어서 들려주세요.

탄저병 백신

양이 탄저병에 걸리면 다리가 약해지고 비틀거리다 갑자기 죽게 돼요. 그래서 양을 키우는 농부들이 입는 피해는 말할 수 없이 컸지요.

그래서 파스퇴르가 닭 콜레라의 백신을 발견한 다음 이어서 탄저병 백신을 개발한 거군요.

맞아요. 하지만 그의 여러 업적을 시기하던 사람들은 파스퇴르의 말을 의심하고 비난했지요.

그럴 땐 공개 실험으로 반대하는 사람들의 주장을 잠재우면 좋겠어요.

파스퇴르 말은 믿기 힘들어....

파스퇴르도 그렇게 생각했지요. 만일 백신이 효과가 없을 경우 명성에 금이 갈 수도 있었지만 파스퇴르는 용감하게 실험에 임했어요.

60마리 중 25마리에만 백신을 놓는 거야.

결과는 어떻게 되었나요?

파스퇴르의 주장대로 백신을 맞은 양은 모두 살고, 그렇지 못한 양은 죽었지요. 파스퇴르의 승리였답니다.

난 백신 맞은 양

난 안 맞은 양

파스퇴르의 백신 덕분에 탄저병에서 해방되었군요.

알레르기

과민성 알레르기는 어떻게 일어날까요?
알레르기와 감정 상태의 관계, 아토피성 피부염에 대해 알아봅시다.

10

열 번째 수업

알레르기

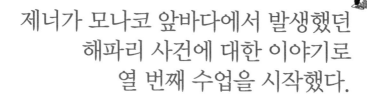

제너가 모나코 앞바다에서 발생했던
해파리 사건에 대한 이야기로
열 번째 수업을 시작했다.

이탈리아와 인접한 바닷가에 모나코라는 조그만 왕국이 있
어요. 왕국이라고는 하지만 조그마한 도시가 곧 한 나라랍니
다. 모나코는 참 아름다운 곳이지요. 모나코는 관광 수입으
로 나라가 운영된답니다.

1900년대 초에 모나코의 앞바다에 해파리가 많아졌대요.
그래서 해수욕을 즐기던 관광객들이 해파리에 쏘이는 일이
자주 일어났어요. 모나코의 왕가에서는 프랑스인 의사 리셰
에게 해파리의 독을 연구해 달라고 의뢰했어요.

리셰(Charles Robert Richet, 1850~1935)는 백신 요법을 생

각해 냈지요. 해파리의 독을 미리 몸에 조금 주사하면 백신 효과가 생겨 독을 방어할 수 있지 않을까 생각했어요. 그래서 해파리 독을 개에게 조금 주사한 다음, 10일 후에 다시 해파리 독을 조금 주사했어요. 해파리 독에 대한 저항성을 확실하게 갖게 하려고 말입니다.

그런데 예상과 달리 두 번째 주사를 맞자마자 개가 갑자기 죽어 버렸어요. 쇼크사였지요. 오늘날 이런 현상을 아나필락시스 쇼크라고 한답니다. 리셰는 이러한 현상을 계속 연구하여 나중에 노벨 생리·의학상을 탔어요.

추석이 되기 전 조상의 묘의 풀을 깎는 것이 한국의 전통이라고 들었어요. 그런데 풀을 깎던 사람이 말벌에 쏘여 죽었다는 뉴스를 들은 적이 있어요. 조상님이 슬퍼하시게 말이에요. 사람들은 어리둥절했어요. 사람이 쪼그만 말벌에 쏘여 죽는다는 것이 도무지 믿어지지 않았기 때문이죠. 하지만 사실이랍니다. 이 역시 아나필락시스 쇼크사랍니다. 이런 일들이 왜 일어날까요?

과민 반응 – 알레르기

여러분은 알레르기라는 말을 들어보았을 거예요. 알레르기 증상을 가지고 있는 친구들도 있을 테고요. 요즈음에는 아토피라는 말이 많이 쓰입니다. 아토피성 피부염은 요즘 흔한 질병이 되었지요.

알레르기 증상은 어떤 걸까요? 피부염이 생기고 콧물이 나오며, 재채기가 나고, 천식 발작이 일어나기도 하지요. 또, 어떤 사람의 알레르기 증상은 한마디로 말하기 어렵답니다. 참 다양하거든요. 또한 똑같은 알레르기 물질을 만나도 사람마다 서로 다른 반응을 보이는 경우가 많아요.

알레르기에 대해서는 완전히 알려지지 않았어요. 그러나

에휴

주된 원리는 알려져 있지요. 알레르기는 알레르기를 일으키는 물질을 만나면 즉시 반응을 일으키는 형태와 하루 이틀 있다가 반응을 나타내는 유형이 있어요.

흔히 우리 인간을 괴롭히는 알레르기는 즉시 반응을 나타내는 것들이지요. 예를 들어 고양이 털을 접하면 천식을 일으키는 증상은 즉시 반응이라고 할 수 있지요. 음식 알레르기, 꽃가루 알레르기 등도 여기에 해당합니다.

즉시 반응하는 과민성 알레르기는 어떻게 일어날까요? 이 이야기는 좀 어려우니 잘 들어보세요. 우리 몸에는 항체의 유형이 5가지가 있어요. 가장 많은 것이 IgG라는 항체로, 적이 침입하였을 때 맹활약을 하는 항체입니다. 항체 유형 중에 알레르기를 일으키는 항체는 IgE라는 항체이지요. 갑자기 영어가 나오니 어렵게 느껴지나요? 어려워 말고 알레르기를 일으키는 항체가 따로 있다고만 생각하세요.

이 항체가 비만 세포에 달라붙으면 문제가 발생한답니다. 참, 비만 세포가 무엇인지 잘 모르죠. 비만 세포란 문자 그대로 뚱뚱한 세포이지요. 이 세포가 호흡기, 소화기, 피부 등에 많이 분포하고 있답니다. 비만 세포의 고향도 림프구와 마찬가지로 골수랍니다. 이 뚱뚱한 세포는 욕심 많게 안에 여러 가지 물질을 잔뜩 가지고 있어요. 그중에 가장 많은 물질이 히스타민이지요. 이 물질은 모세 혈관을 확장시켜요. 그러면 모세 혈관 벽이 얇아지고 혈액의 액체 성분이 모세 혈관 밖으로 쉽게 빠져나오게 되지요.

자, 이야기를 다시 해 보죠. 다음 그림을 보도록 해요. 알레르기를 일으키는 화분(꽃가루)이 코로 날아들어 왔다고 해 봐요. 화분이 코의 점막에 붙으면 화분에서 단백질이 빠져나오지요. 이 단백질이 바로 항원이 돼요.

우리 몸은 이것을 적이라고 생각하지요. 왜냐하면 나에게는 없는 단백질이거든요. 그러면 몸에서 IgE라는 항체가 생겨요. IgE 항체가 비만 세포에 달라붙지요. 그러다가 다음에 알레르기를 일으키는 물질이 들어오면 비만 세포에 달라붙어 있는 항체와 결합해요. 그러면 비만 세포가 히스타민을 다량 분비하게 된답니다. 마치 히스타민이 나오는 수도꼭지를 연 것처럼 말이에요.

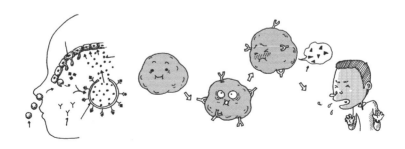

그러면 모세 혈관이 팽창하고, 혈장 성분이 혈관 밖으로 빠져나온답니다. 그러면 콧물이 줄줄 흘러내리게 되지요. 그리고 코의 점막이 부어 코가 막히고 점막이 상해 재채기가 자꾸 나오기도 하고요. 여러 가지 고통스러운 증상이 나타나게 된답니다.

그러면 아나필락시스 쇼크사는 왜 일어날까요? 예를 들어, 말벌에 쏘였을 경우 혈액을 타고 말벌의 독성 물질, 즉 알레르기를 일으키는 물질이 온몸으로 퍼져요. 그러면 온몸의 비만 세포가 반응해서 히스타민을 분비해요. 그러면 온몸의 모세 혈관이 팽창하면서 혈액의 액체 성분이 다량 혈관 밖으로 나오게 되지요. 그러면 혈압이 갑자기 떨어지게 된답니다. 그리고 히스타민이 기관지를 수축시켜 질식 상태에 이르기도 하지요. 이렇게 해서 말벌에 쏘여서 사망하게 된답니다.

말벌에 쏘인다고 누구나 아나필락시스 쇼크사가 일어나는 것은 아니다

그러면 여러분에게 의문이 생길 것입니다. 어떤 사람에게는 아무 반응이 없는 물질이 어떤 사람에게는 아나필락시스 쇼

크사의 원인이 되는가 하고 말이에요. 사람마다 개인차가 있다
는 것은 알레르기 증상에 유전적인 원인이 있다는 사실을 암시
합니다.

실제로 부모가 알레르기 증상을 보이는 경우 자녀가 알레
르기 증상을 보일 확률이 높아진답니다. 엄마 아빠 중 한쪽
부모만 알레르기가 있는 경우보다 양쪽 모두 알레르기 증상
이 있을 경우 자식에게 알레르기가 나타날 확률이 높아진답
니다.

면역 반응을 억제하는 유전자가 결핍되면 '지나친 전쟁'을
하게 된다는 것이죠. '지나친 전쟁'이란 예를 들면 이런 것이
에요. 적대 관계에 있는 나라의 농부가 소에게 먹일 꼴을 찾
아서 우연히 길을 잃고 국경선을 넘어 들어왔는데 거기에 대

포를 쏘고, 전투기를 날리며, 탱크를 동원하는 것과 같은 상황 말입니다. 좀 우습지요? 경찰 몇 명이 가서 조용히 데려오거나 다시 넘어가도록 하면 될 텐데 말이죠.

우리 몸에 '적'과 유사한 물질이 들어왔을 때 반응하지 않아도 되는 물질에 알레르기 반응을 일으키는 것도 이런 '지나친 전쟁'과 비슷합니다. 그래서 우리 몸에는 지나친 전쟁을 억제하는 장치가 있어요. 그것이 제대로 작동을 못하면 과민 반응을 보이게 되는 것이죠.

또한 어릴 때 알레르기를 일으키는 물질을 너무 빨리 만나도 알레르기를 갖기 쉽답니다. 모유를 먹지 않고 바로 우유와 이유식을 먹게 되면 알레르기 증상을 갖기 쉽다고 합니다. 어릴 적에 만난 물질에 대해 민감하게 반응할 수 있다는 것입니다.

그 이유는 모유를 먹는 동안 외부 물질을 덜 접하게 되어 서서히 우리 몸이 적응력을 갖게 되는 데 반해, 모유를 먹이지 않으면 그러한 능력 없이 알레르기를 일으키는 물질을 만나게 되어 훗날 과민하게 반응할 수 있다는 거예요. 그래서 아이가 태어나면 적어도 6개월 정도는 모유를 먹이는 것이 알레르기를 줄이는 방법이기도 합니다.

알레르기는 감정 상태와도 관계가 깊어요. 마음이 평화로

넌 재채기 안 해?

난 모유를 먹고 자랐어.

울 때와 긴장 상태에 있을 때 중 어느 쪽이 알레르기 반응을 잘 일으킬까요? 언뜻 생각하면 긴장 상태에 있을 때 알레르기를 잘 일으킬 것 같죠? 하지만 평화로울 때 알레르기가 더 잘 일어난대요. 왜냐하면 긴장 상태에 있을수록 면역 반응이 억제되기 때문이랍니다.

사실 긴장 상태가 '적과의 전쟁'에는 좋지 않아요. 우리 몸의 전투력을 약하게 만든답니다. 그래서 긴장 상태가 오래 지속되면 병에 걸리기 쉽답니다. 이것은 신경계와 호르몬이 면역 반응과 밀접한 관련이 있기 때문이에요. 그런데 재미있게도 긴장 상태가 알레르기처럼 과도한 반응을 억제하는 효과가 있다는 것입니다. 그래서 전쟁 중에는 알레르기 반응이 줄어든다고 하지요.

아토피성 피부염

여러분 중에 아토피성 피부염이 있는 친구가 있는지 모르 겠네요. 아토피라는 말은 알레르기성 과민 증상을 가리킵니 다. 그래서 사실 아토피라는 피부염에만 사용하는 말이 아니 에요. 그런데 우리 주위에서 아토피성 피부염이 자주 이야기 되다 보니 아토피라고 하면 흔히 알레르기성 피부 질환만을 뜻하는 말로 생각하기 쉽답니다.

하여튼 아토피성 피부염 때문에 고통을 받는 어린이들이 자 꾸 늘어나서 안타까워요. 너무나 가려워서 피부를 떼어 내고 싶은 정도라고 하니 고통이 얼마나 심한지 알 수가 있지요.

아토피성 피부염은 무엇 때문에 일어나는지 명확하지 않지 요. 그래서 더 치료가 어렵답니다. 원인이 명확하지 않으니 여러 가지 민간 치료법이 많아요. 민간 치료법이란 과학적으 로는 분명히 밝혀지지 않았지만, 어떠한 방법이 치료에 도움 이 된다고 널리 알려져 있는 경우를 말해요.

예를 들어 아토피성 피부염에는 참나무를 우려 낸 물이 효 과가 있다고 알려진 것과 같아요. 민간 요법이 효과가 있는 경우도 많지요. 하지만 어떤 사람에게 효과 있던 방법이 다 른 사람에게는 전혀 효과가 없는 경우도 있어요. 그만큼 아토피성 피부염은 원인이 여러 가지예요.

아토피성 피부염이 알레르기와 관계가 깊다는 것은 알려졌으나 어떤 물질이 아토피성 피부염을 일으키는지 파악하기가 어렵답니다. 진드기, 곰팡이, 먼지, 꽃가루, 콩, 우유 등 온갖 음식물이 다 알레르기를 일으킬 수 있다고 하니까요.

그러면 옛날에는 아토피성 피부염이 적었는데, 왜 오늘날에는 많아졌을까요? 아토피성 피부염뿐만 아니라 온갖 알레르기 증상이 더 많이 일어나는 이유는 무엇일까요?

너무 깨끗해서 알레르기가 증가한다?

알레르기 증상이 증가한다는 말은 나 아닌 것에 대해 거부하는 자세가 더 강해진다는 것을 의미하지요. 왜 자꾸 나 아닌 것에 대해 거부하는 자세가 강해질까요? 그야말로 별것도 아닌 적에게 우리 몸이 호들갑을 떨며 알레르기 반응을 일으키는 것일까요?

여기에 대한 답은 아직 잘 모른답니다. 다만 환경의 변화가 원인일 것이라고 생각하는 경향이 많죠. 대기 오염, 스트레스, 영양 과다 등 이런 요인도 있고요.

그런데 생활 환경이 너무 깨끗해서 그렇다는 생각도 있어요. 이렇게 생각해 보세요. 어릴 때 지렁이, 거머리, 굼벵이 등 징그러운 것을 많이 보고 자란 어린이는 나중에 커서 이런 것을 보더라도 그다지 놀라지 않아요. 하지만 어릴 때부터 아파트에서 자라 벌레를 도무지 본 적이 없는 친구는 작은 벌레를 만나도 기겁하는 경우가 많아요.

마찬가지로 어릴 때부터 온갖 세균을 만나면서 자란 몸과 깨끗한 환경에서 자란 몸은 나 아닌 것에 대해 반응하는 정도가 다를 수밖에 없는 게 아닌가 싶어요. 어릴 때부터 세균을 많이 만난 몸은 쉽사리 전쟁을 하지 않는 거지요. 웬만한 적은 그러려니 하고 넘어가는 거예요. 하지만 다양한 적을 만나지 못한 몸은 조금만 적이 침입해도 온몸에 비상을 거는 것이지요.

옛날 어린이들은 알레르기성 비염을 거의 볼 수가 없었어요. 대신 누런 코가 많이 나왔답니다. 이 누런 코가 무엇이냐면 온갖 세균이 코로 들어가서 점막을 자극하여 생기는 것이지요. 이런 어린이들은 알레르기성 비염이 없어요. 꽃가루 따위에게 과잉으로 반응할 여유가 없는 것이지요.

이런 주장도 있어요. 아토피성 피부염이 있는 어린이는 그렇지 않은 어린이보다 대장에서 사는 유익한 세균의 종류가 적다고요. 대장에서 사는 세균은 언젠가 외부에서 들어간 것들이지요. 그러니 대장에 사는 세균의 종류가 적다는 것은 그만큼 깨끗한 환경에서 자랐다는 말이지요. 결국 다양한 적과 만나는 기회가 적었던 것이라고 볼 수 있어요.

그러니까 나 아닌 것과 적당히 전쟁을 하면서 살아가는 길이 알레르기를 피하는 방법이 아닐까요?

11

독감과 조류 독감

감기와 독감은 무엇이 다른가요?
조류 독감에 대해 알아봅시다.

11

열한 번째 수업

독감과 조류 독감

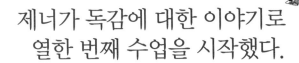

제너가 독감에 대한 이야기로
열한 번째 수업을 시작했다.

1918년에 발생한 스페인 독감으로 약 2,000만 명의 사람이 죽었답니다. 이는 제1차 세계 대전으로 죽은 사람의 수보다 더 많아요. 참으로 놀랍고도 슬픈 일이지요. 하지만 다시 이런 일이 일어나지 않는다는 보장이 없다는 것이 인류의 걱정입니다.

더구나 최근에는 조류 독감이 사람에게 옮고 있다는 말이 자꾸 들립니다. 닭과 놀던 타이(태국)의 어린이가 조류 독감에 감염되어 사망했다는 소식도 들리고요. 정말 불안한 일이지요.

감기와 독감

　감기와 독감은 서로 다르답니다. 독감은 인플루엔자라고도 하며 감기와 비교할 때, 다음과 같이 여러 가지 점에서 다르답니다.

독감

어느 날 갑자기 일어나고

온몸에 열이 나며

근육통이 생기고

기관지염, 폐렴 등의 합병증이 생기는데

인플루엔자 바이러스가 원인이다.

감기

증상이 천천히 나타나고

코감기, 목감기 등으로 나타나며

목이 아프고 콧물이 나고

잘 낫지 않으며

합병증은 적다.

아데노 바이러스, 리노 바이러스 등이 옮긴다.

감기와 독감은 바이러스에 의해 전염된다는 공통점이 있어요. 그래서 사실상 약이 없어요. 감기약은 기침이 덜 나오게, 콧물이 덜 나오게, 목이 아프지 않게 해 주는 약이라고 보면 된답니다. 감기를 일으키는 바이러스를 직접적으로 퇴치하는 약이 아니라는 것입니다. 우스운 이야기가 있어요. 감기약을 먹으면 7일 만에 낫고, 안 먹으면 일주일 만에 낫는다고요.

독감 바이러스는 표면에 표지를 가지고 있답니다. 우리 몸은 그것을 보고 적이라고 알아본답니다. 그러면 독감은 천연두처럼 한 번 앓고 나면 다시 걸리지 않을까요? 불행히도 그렇지 않아요. 왜냐하면 올해 나타난 독감 바이러스와 작년에 나타났던 바이러스의 표지가 달라질 수 있어요. 어딘가 미묘하게 모양이 바뀌는 것입니다. 그러면 우리 몸은 새로운 적으로 인식을 하는 것이에요.

조류 독감

사람에게 독감을 일으키는 바이러스와 조류에게 독감을 일으키는 바이러스는 매우 유사한 종류랍니다. 현재 사람을 공격하는 독감 바이러스도 원래 조류에서 왔을 것이라고 추측

하기도 한답니다. 그래서 조류 독감이 사람을 공격하지 않을까 하는 걱정도 있었어요. 조류에서 돼지에게 전염되었다가 사람에게 옮겨졌을 것이라는 추측도 있고요.

왜 하필 돼지냐고요? 사람이 돼지를 접촉하며 사는 경우가 많은데, 조류의 독감 바이러스가 돼지에게 적응하고, 이어서 사람에게 적응하였다고 볼 수 있다는 거죠. 조류보다는 돼지가 여러모로 사람과 같으므로 돼지가 중간에서 징검다리와 같은 구실을 한다는 것입니다.

1997년 홍콩에서는 조류 독감이 사람에게 옮는 불행한 일이 일어났답니다. 조류 독감에 걸려 6명이 사망한 사건이 일어났어요. 닭을 가게에서 직접 잡아서 팔 때 조류 독감 바이러스가 사람에게 옮은 것으로 밝혀졌지요. 그래서 홍콩에서는 150만 마리의 닭을 모조리 죽여 없앴다고 합니다.

홍콩 조류 독감의 특징은 닭의 독감 바이러스가 사람에게 직접 전염된 점이에요. 그래서 미국의 유명한 바이러스 학자인 웹스터(Robert Webster) 박사는 "홍콩 조류 독감 바이러스는 생물학적 대재앙의 신호탄일지 모른다."라고 걱정을 표시했지요.

조류 독감 바이러스 중에는 사람이 미처 전쟁 준비를 하지 않은 바이러스가 있을 수 있어요. 즉, 그 바이러스가 들어와도 우리 몸에서 그것에 대항하는 항체를 만들지 못하는 경우가 있다는 거죠. 그러면 속수무책으로 당할 수밖에 없지요.

닭은 조류 독감에 약하다

조류 독감 바이러스에 특히 약한 것이 닭이에요. 야생 조류보다 사람이 기르는 닭이 저항력이 약해서인지는 모르지만 어쨌거나 닭은 독감에 걸리면 집단적으로 죽기 때문에 양계업자들의 마음을 아프게 한답니다.

2003년 한국의 충청북도 음성군에서도 조류 독감이 발생하여 사흘 만에 주변 양계장의 닭 3만 마리를 도살했어요. 하지만 아직 한국에서는 조류 독감이 사람에게 전염되었다는 보고는 없습니다. 그래서 사람들은 김치 덕분이라고 농담 반, 진담 반 말하기도 한답니다.

한국에서 조류 독감이 유행할 때나, 외국에서 조류 독감에 의해 사람이 사망하였다는 뉴스가 나올 때마다 양계업자뿐만 아니라 치킨집이나 삼계탕을 파는 식당도 장사가 안 돼 울상이랍니다. 그래서 자살하는 경우도 발생해요. 조류 독감에 걸리지는 않았지만 그 타격으로 인명 피해가 나는 거예요.

조류 독감의 변종이 두렵다

홍콩의 조류 독감은 닭으로부터 사람에게 직접 전염되었으나 다행히 사람과 사람 사이에서는 전염성이 없었어요. 2004

년 베트남에서 발생한 조류 독감도 마찬가지였어요. 그래서 조류 독감은 사람 사이에서는 전염성이 없는 것으로 알려져 있지요.

우리가 걱정하는 것은 다음과 같은 경우랍니다. 만일 닭에서 감염된 독감 바이러스가 돌연변이를 일으켜 사람과 사람 사이에도 전염 능력을 갖게 되는 경우 말입니다. 만일 그렇게 된다면 조류 독감은 삽시간에 퍼져 나갈 것입니다. 그것이 마침 사람이 미처 대응하지 못하는 종류의 것이라면 어떻게 될까요? 그러면 스페인의 악몽처럼 수천만이 목숨을 잃는 사태가 오지 말라는 법이 없어요.

또한 사람의 독감 바이러스와 조류 독감 바이러스가 한 사람의 몸에서 만나서 서로 변종을 만들어 낼 가능성도 걱정이에요. 원래 서로 비슷한 놈들이거든요. 그래서 두 가지 바이러스가 한 사람의 몸에 있을 경우 2종류의 바이러스 유전자가 서로 섞일 가능성이 있는 거죠. 그러면 독성이 강한 바이러스가 사람과 사람 사이에서 빠르게 퍼져 나갈 수가 있어요. 좀 무시무시하죠?

몸이 너무 아픈데, 감기인지 독감인지 모르겠어요.

독감은 인플루엔자라고 하는데, 감기와 비교할 때 여러 가지 점에서 달라요.

어떻게 다른가요?

이것이 독감의 증상이에요.

- 어느 날 갑자기 일어남
- 온몸에 열이 남
- 근육통이 생김
- 기관지염, 폐렴 등의 합병증이 생김
- 인플루엔자 바이러스 원인임

그러면 감기 증상은 어떤가요?

감기는 이런 특징이 있어요.

- 천천히 증상이 나타남
- 코감기, 목감기 등으로 나타남
- 잘 낫지 않음
- 합병증은 적음

감기와 독감 두 가지 모두 바이러스에 의해 전염된다는 공통점이 있네요.

그래서 사실상 약이 없지요.

우린 둘 다 바이러스야!

감기

독감

약이 없다고요? 저는 감기가 걸릴 때마다 약국에서 약을 사 먹었는데요?

감기약은 기침이 덜 나게, 콧물이 덜 나오게 해 주는 약이지 바이러스를 퇴치하는 약이 아니랍니다.

이─얏!!

난 끄떡없다고.

독감 바이러스의 문제는 올해와 작년에 나타났던 바이러스의 껍데기 표지가 미묘하게 모양이 바뀌는 것이죠.

그래서 한 번 앓았던 독감을 다시 또 앓게 되는 거군요.

첨 보는 녀석이군!

나닐 작년에도 왔었는데 히히….

AIDS와 **암**

AIDS와 암은 완전한 치료법이 개발되지 않은 질병입니다.
암 전문 킬러인 NK 세포(자연 살해 세포)에 대해 알아봅시다.

12

마지막 수업

AIDS와 암

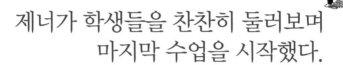

제너가 학생들을 찬찬히 둘러보며
마지막 수업을 시작했다.

인류의 건강을 위협하는 질병, 아직 완전한 치료법이 개발되지 않은 질병이 바로 AIDS와 암이랍니다. 이제 마지막으로 AIDS와 암에 대해 이야기하겠어요.

AIDS 바이러스는 사령관을 공격한다

여러분 모두 AIDS에 대해서는 많이 알고 있죠? AIDS는 한국어로 말하면 후천성 면역 결핍증이라고 한답니다. 적을 방어할 능력을 가지고 태어나긴 했는데, 나중에 그런 능력이 없어졌다는 것이지요.

그러면 왜 전쟁 능력이 없어지게 되었을까요? AIDS는 감기와 마찬가지로 바이러스가 전염시키지요. 이 바이러스를 HIV라고 해요. 사람의 면역력을 없애는 바이러스라는 의미를 가지고 있어요. HIV가 우리의 전쟁 사령관인 보조 T림프구를 공격하기 때문입니다. 그래서 보조 T림프구를 망가뜨리고 숫자를 줄여 놓는답니다. 그러니 살아 있는 보조 T림프구도 제 할 일을 못하고, 또한 시간이 갈수록 수가 줄어드니 전쟁 능력이 점점 없어지는 것이랍니다.

보조 T림프구가 무슨 일을 한다고 했지요? 우선 적의 종류를 알아본다고 했지요?

다음에 다른 종류의 T림프구나 B림프구에 적의 종류를 알려 주고 지시를 하지요. 그래서 HIV가 보조 T림프구를 공격하면 적을 알아보는 데 문제가 생겨요. 생각해 보세요. 적이 들어와도 어떤 종류의 적이 들어왔는지를 몰라요. 그래서 B림프구에 이러이러한 항체를 만들라고 말해 줄 수가 없어요. 그러면 B림프구가 활발하게 분열하지 못할 뿐만 아니라 항체를 못 만들어요. 결국 적이 우리 몸에서 활개를 치고 다녀도 막을 길이 없게 된답니다.

그래서 AIDS 자체는 질병이라고 보기 어려워요. 질병의 원인이 되는 거지요. AIDS가 심해지면 보통 사람이 걸리지 않는 병에도 잘 걸려요. 피부에 곰팡이가 생기고, 폐병도 잘 걸리지요.

AIDS는 혈액을 통해 전염된다

미국의 유명한 농구 선수 매직 존슨을 알고 있나요? 여러분은 아마 잘 모를 거예요. 마이클 조던보다 조금 앞서 활동했던 선수거든요. 1980년대 후반에서 1990년대 초반에 선수로서 최고의 활동을 했으니까요.

매직 존슨은 1991년 자신이 AIDS 보균자라고 밝히고 은퇴하여 많은 팬들에게 충격을 주었어요. AIDS 보균자라는 것은 아직 증상은 나타나지 않았지만 HIV를 가지고 있는 사람을 말하지요. 즉 매직 존슨은 자신이 HIV를 가지고 있다고 말했던 것입니다.

그러나 얼마 후 매직 존슨은 코트로 돌아왔어요. 그리고 선수 생활을 했어요. 미국 드림팀을 이끌고 올림픽에도 참가했어요. '어떻게 이런 일이?' 하고 생각하는 친구가 있을지도 몰라요.

　같이 농구를 하는 것만으로는 AIDS는 전염되지 않기 때문이랍니다. 혈액이 섞이지 않는 한 AIDS는 옮지 않는다는 거지요. 지금도 매직 존슨은 건강 관리를 잘하여 AIDS가 발병되지 않은 채 활발하게 사회 활동을 하고 있어요.

　AIDS 보균자나 환자를 무조건 멀리하는 사회적 편견은 옳지 않아요. 일상생활에서 감기 환자는 감기를 옮길 수 있지만, AIDS 보균자나 환자는 HIV를 옮기지 않는답니다. 그래서 AIDS 보균자와 한집에서 같이 생활해도 아무 문제가 없어요.

　AIDS는 불건전한 성관계를 통해 옮겨진답니다. AIDS 환자의 혈액이 묻어 있는 주사 바늘에 찔린다든지 하는 사고를 통해서 옮을 수도 있고요.

AIDS는 아직 치료 불가능

　AIDS는 바이러스가 옮기는 병입니다. 그래서 아직 치료약이 개발되지 않았어요. 예방 백신도 개발되지 못했고요. 워낙 변종이 많이 생겨서 백신을 만들어 봐야 쓸모가 없게 된다는 것입니다. 독감 바이러스가 변장에 능숙하듯이 말이죠. 인류의 숙제라고 할 수 있지요.

HIV는 원래 원숭이가 갖는 바이러스라고 생각하고 있답니다. 원숭이가 갖고 있는 바이러스와 너무 닮았거든요. 꼭 조류 독감 바이러스가 독감 바이러스와 닮은 것처럼 말이죠. 어느 순간엔가 원숭이의 바이러스가 사람에게 옮겨진 것 같아요. 여러 가지를 따져 본 결과 대략 1930년대 초반에 사람에게 감염되었으리라고 생각합니다.

그런데 침팬지는 AIDS에 감염되어도 별 증상이 나타나지 않아요. 그래서 HIV와 공존하는 방법을 찾을 수도 있다고 생각한답니다.

어쨌거나 아직 인류는 AIDS를 극복하지 못하고 있어요. 그리고 AIDS를 곧 극복하리라는 전망도 하기 어려워요. 그야말로 인류가 싸우기 어려운 적을 만난 셈이에요.

우리 인간이 천연두를 극복했던 것처럼 AIDS를 극복하는 때가 빨리 와서 AIDS로 고통받는 사람들이 없어졌으면 합니다. 저는 AIDS를 극복하는 일은 여러분의 손에 달렸다고 생각합니다.

암

암은 분열을 멈추지 않는 세포입니다. 정상적인 세포는 얼마만큼 분열한 후 멈추는 프로그램이 있지요. 하지만 암은 이런 프로그램이 망가진 세포랍니다. 그래서 브레이크가 고장 난 열차처럼 멈추지 않고 분열을 계속한답니다.

암은 분열을 멈추지 않을 뿐만 아니라 다른 곳으로 옮겨가기도 합니다. 암세포 덩어리 중 일부가 떨어져 나와 혈액을 타고 다른 부위로 옮겨 갑니다. 이를 '전이'라고 해요. 그러니 우리 몸의 어느 한곳에 암이 생기면 또 어디에서 암이 생겨날지 모르는 어려움이 있어요.

암세포는 어찌 된 이유이든지 분열을 멈추는 프로그램이 고장 나서 생긴 것입니다. 실제로 우리 몸에서는 1,000여 개

의 암세포가 매일 새로 생겨난다고 합니다. 암세포는 분열 중인 세포로부터 생겨납니다. 분열 능력이 없어진 세포는 암세포가 되기 어렵습니다.

분열 중인 세포가 고장 나서 암세포가 되는 거지요. 1,000여 개라면 많은 것 같지만 사실 우리 몸 전체의 세포 수에 비하면 아주 적은 것이랍니다. 암세포가 생겨나는 이유는 발암 물질의 접촉, 노화, 스트레스, 자외선 등 여러 가지 원인이 있다고 알려져 있어요.

암도 적이다

암은 외부에서 들어온 적이 아니에요. 그래서 면역 작용과 관계가 없다고 생각할지 모릅니다. 하지만 암은 안에서 생겨난 적이에요. 실제로 우리 몸은 암을 적이라고 생각한답니다. 그런데 좀 애매한 적이에요. 원래 암은 '자기'였거든요. 아주 주의 깊게 보지 않으면 적인지 아닌지 알 수 없는 '나'와 '적'의 중간쯤 되는 존재이지요. 그래서 우리 몸의 전사들이 헷갈려 해요.

암은 애매한 적인 데다가 자기를 숨기는 재주가 많아요. 암세포는 표면에 있는 표지를 감추거나 없애 버리는 재주가 있지요. 그래서 우리의 사령관인 보조 T림프구나 B림프구는 암세포를 잘 알아보지 못한답니다.

그런데 우리 몸에서 매일같이 암세포가 생겨나는데, 왜 쉽게 암에 걸리지는 않을까요? 그것은 바로 우리 몸에 암 전문 킬러가 있기 때문이에요. NK 세포가 바로 그것이에요. NK 세포는 T림프구나 B림프구의 사촌쯤 된답니다. 고향이 골수인 것도 같고요.

NK에서 'N'은 '자연스런' '타고난'의 뜻을 가진 영어 'Natural'에서 따왔답니다. 한국어로는 '자연 살해 세포'라고 합니다. 타고난 킬러라는 의미일 수도 있고, 킬러 본능을 가진 세포라고 할 수도 있지요.

NK 세포는 암세포를 전문으로 죽여요. 우리 몸의 곳곳을 수시로 돌아다니면서 결코 감시를 늦추지 않지요. 잠도 안 자고 감시를 한답니다. 그래서 암세포가 있으면 공격을 해요. 화학 물질을 분비하여 암세포막에 구멍을 내서 죽이기도 하고 자살을 유도하기도 한답니다.

그러므로 암세포가 번성하고 있다는 것은 암세포가 초기에 NK 세포의 눈을 피해서 암 덩어리로 성장하는 데 성공했다는 것을 의미해요.

웃으면 NK 세포가 힘이 나요

우리 몸의 전사들은 모두 주인의 마음이 편해야 전쟁을 잘 하는 특성이 있어요. '웃으면 복이 와요'라는 말이 생각나네요. 늘 웃으면서 사는 사람, 즐거운 마음으로 사는 사람은 그렇지 않은 사람에 비해 병에 잘 안 걸린답니다. 건강하다는 얘기죠. 몸이 건강하니 신나서 일하고, 그러니 여러 가지 일이 잘 풀리는 것이에요.

킬러 본능을 가진 NK 세포도 마찬가지예요. 마음이 편하고 즐거워야 신나서 암세포를 사살한답니다. 암세포를 사살하는 화학 물질을 더 잘 발사하지요.

참고로 우리 몸의 분비 세포들은 주인의 마음이 편해야 분비를 잘한답니다. 긴장될 때 입이 마르죠? 침샘 세포들이 침을 잘 분비하지 못하기 때문입니다. 마음이 불편하면 소화도 안 되죠? 소화관 세포들이 소화액을 잘 분비하지 못하기 때문이에요.

그래서 스트레스는 NK 세포를 주눅 들게 한답니다. NK 세포가 주눅이 들면 암세포가 잘 자라게 돼요. 그래서 사고로 가족을 잃거나, 이혼하거나, 사업에 실패하는 등의 절망스러운 일을 겪은 다음에 암에 걸리는 수가 많답니다.

　누구에게나 어려운 일은 있을 수 있어요. 하지만 그런 일이 닥칠 때 어떻게 마음을 먹고 맞서느냐는 사람마다 다르답니다. 여기서 '마음가짐'이란 단어가 등장합니다. 어떻게 마음을 갖느냐에 따라 자신의 건강도 달라지게 된답니다.

　여러분 웃으면 복이 온대요. 웃으면 NK 세포가 즐겁대요. 그리고 우리 몸의 전사들이 모두 신이 난대요. 그러니 즐겁게 살아요. 그렇다고 공부도 하지 않고 매일 놀라는 말은 아니에요. 열심히 살아야지요. 열심히 사는 사람은 보람을 느껴요. 그러면 마음 깊이 즐거움이 생기면서 저절로 건강해진답니다.

모험심 가득 찬 의사
제너 Edward Jenner, 1749~1823

　제너는 영국의 글로스터셔 주에서 목사의 아들로 태어났습니다. 어려서부터 생물 공부에 흥미를 느껴 의사가 되겠다는 마음으로 열심히 공부하였습니다. 당시에는 의사가 되려면 중학생쯤 되어서부터 의사의 시중을 들면서 의학을 배워야 했습니다.

　제너가 런던의 성 조지 병원에서 일하던 1766년 어느 날, 농장에서 우유를 짜며 생활하던 아주머니가 병원에 진찰을 받으러 왔습니다. 아주머니는 우연히 천연두 이야기가 나오자 자신이 우두에 걸렸으니 천연두에는 걸리지 않는다고 말했습니다.

　제너는 병원에서 수업을 마치고 1775년부터 의사 자격을 딴 뒤 고향으로 돌아왔을 때, 성 조지 병원에서 우유 짜는 아주머니가 한 말과 같은 이야기를 고향 사람들에게서도 들을 수 있었다고 합니다.

그는 천연두를 예방하는 방법을 알아내기 위해 한 소년을 대상으로 실험을 하여 종두법을 발견하게 되었습니다.

하지만 종두법을 발견하기까지 과정은 순탄하지 않았습니다. 1798년까지 23회의 실험을 하여 그 결과를 왕립 협회에 보고했으나 받아들여지지 않았습니다.

그러나 시간이 흐른 뒤에 마침내 프랑스에서 받아들여져 전 세계로 퍼졌습니다. 이에 정부는 제너의 연구를 원조하기 위하여 1802년과 1807년 2회에 걸쳐 3만 파운드의 조성금을 내놓았습니다.

이 책에도 소개되었듯이 제너의 실험은 어찌 보면 모험적인 것이었습니다. 하지만 제너의 모험적인 실험으로 인류는 천연두의 공포에서 벗어나게 되었고, 오늘날 천연두는 지구상에서 사라졌습니다. 그의 실험은 오늘날에도 예방 의학의 기초가 되고 있습니다.

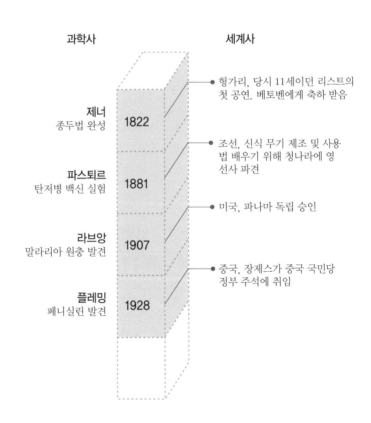

과 학 연 대 표

언제, 무슨 일이?

과학사

세계사

● 헝가리, 당시 11세이던 리스트의
  첫 공연. 베토벤에게 축하 받음

제너
종두법 완성

1822

● 조선, 신식 무기 제조 및 사용
  법 배우기 위해 청나라에 영
  선사 파견

파스퇴르
탄저병 백신 실험

1881

● 미국, 파나마 독립 승인

라브앙
말라리아 원충 발견

1907

● 중국, 장제스가 중국 국민당
  정부 주석에 취임

플레밍
페니실린 발견

1928

1. 우리 몸의 ☐☐ 는 마치 성벽처럼 몸에 적이 침입하는 것을 막습니다.

2. 적혈구와 백혈구는 ☐☐ 에 있는 ☐☐☐☐에서 만들어집니다.

3. 우리 몸에서 적을 알아보며, 적과 싸울 때 사령관 구실을 하는 것은 ☐ 림프구입니다.

4. 면역에 관련되는 세포가 만들어 내는 신호 물질을 ☐☐☐☐☐ 이라고 하며, 병균이 침입하였을 때 사이렌과 같은 기능을 한다고 볼 수 있습니다.

5. B림프구가 만들어 내는 물질로, 병원체와 싸우는 데 도움을 주는 물질은 ☐☐ 입니다.

6. ☐☐ 은 우리 몸에 기억시키기 위하여 약화시키거나 죽인 병원체를 말합니다.

7. ☐☐☐☐ 란 우리 몸에 들어온 외부 물질에 대하여 과민하게 반응하는 현상입니다.

항체로 단백질 분자 찾아내기
-면역 형광법

　항체는 특정한 항원과 결합하는 단백질입니다. 하나의 항
체는 하나의 항원 표지에만 결합하므로 항체를 이용하면 원
하는 항원 단백질을 찾을 수 있습니다. 문제는 항체도 보이
지 않고 항원도 보이지 않는데, 어떻게 그런 일을 할 수 있을
까 하는 것입니다.

　시험관 안의 물속에 어떤 항원이 되는 단백질이 있는데,
이 단백질은 너무 작아 현미경으로도 보이지 않는다고 합시
다. 이때 단백질에 반응하는 항체를 만든 후 항원과 결합시
켜 빛을 내도록 하면 형광을 내는 항체를 보고 단백질이 있다
는 것을 알 수 있답니다.

　항체에 미리 빛을 내는 물질을 붙여 놓고, 그 항체가 항원
과 결합하는 것을 관찰하기도 하지요. 마치 반딧불이가 어둠
속을 날아다니다가 어느 한 물체에 달라붙어 움직이지 않는

것과 같은 모습이지요.

　면역 형광법은 항체나 항원에 플루오레세인이나 로다민 같은 형광 색소를 표지한 것을 사용하여 체액과 조직 등에 존재하는 항원 또는 항체를 검출하는 방법입니다.

　세포에서 어떤 물질을 만들고 있는지 아는 데 면역 형광법이 아주 효과적입니다. 즉, 찾고자 하는 분자가 세포 안에 존재할 경우, 세포의 절편을 이용하거나 세포막을 항체가 통과할 수 있도록 특수 처리하여 항체가 분자와 반응할 수 있도록 합니다. 그런 다음 항체로 처리하여 형광 현미경으로 항원 분자에 결합된 항체의 형광을 관찰하게 됩니다.

　면역 형광법은 생물을 구성하고 있는 여러 종류의 분자들을 확인하고 그 위치나 배열 모습을 연구하는 데 이용되고 있습니다. 면역 형광법은 병원체와 싸우기 위해 만들어지는 항체가 인간의 지혜에 의해 아주 유용하게 이용되는 경우라고 할 수 있습니다.